Amir Mehrabi
Sahar Dehyouri
Azita Zand

Gestão da resiliência dos meios de subsistência rurais

Amir Mehrabi
Sahar Dehyouri
Azita Zand

Gestão da resiliência dos meios de subsistência rurais

ScienciaScripts

Imprint

Any brand names and product names mentioned in this book are subject to trademark, brand or patent protection and are trademarks or registered trademarks of their respective holders. The use of brand names, product names, common names, trade names, product descriptions etc. even without a particular marking in this work is in no way to be construed to mean that such names may be regarded as unrestricted in respect of trademark and brand protection legislation and could thus be used by anyone.

Cover image: www.ingimage.com

This book is a translation from the original published under ISBN 978-3-659-82356-5.

Publisher:
Sciencia Scripts
is a trademark of
Dodo Books Indian Ocean Ltd. and OmniScriptum S.R.L publishing group

120 High Road, East Finchley, London, N2 9ED, United Kingdom
Str. Armeneasca 28/1, office 1, Chisinau MD-2012, Republic of Moldova, Europe
Printed at: see last page
ISBN: 978-620-8-23625-0

Conteúdo

Gestão da resiliência dos meios de subsistência rurais

Amir Mehrabi

Estudante de mestrado em Gestão Agrícola, Departamento de Agricultura, Secção de Islamshahr, Universidade Islâmica Azad, Teerão, Irão

Correio eletrónico: Amir_mehrabii@yahoo.com

Sahar Dehyouri*

Departamento de Agricultura, secção de Islamshahr, Universidade Islâmica Azad, Islamshahr, Irão

Correio eletrónico: dehyouri.s@gmail.com

Autores correspondentes: Sahar Dehyouri

Azita Zand

Departamento de Agricultura, secção de Islamshahr, Universidade Islâmica Azad, Islamshahr, Irão

Correio eletrónico: Azitazand@iiau.ac.ir

Prefácio

No Plano de Visão para vinte anos da República Islâmica do Irão, várias caraterísticas do Irão foram apontadas no horizonte de 2025. Algumas dessas caraterísticas incluem: O Irão goza de saúde, bem-estar, segurança alimentar, segurança social, igualdade de oportunidades e distribuição adequada dos rendimentos, longe da pobreza e da corrupção. Também em vários artigos do quarto programa, o governo é obrigado a tomar medidas para melhorar a vida dos grupos de baixos rendimentos. De acordo com o artigo 84.º do quarto programa sobre segurança alimentar e nutricional, o governo é obrigado a criar o Conselho Superior de Saúde e Segurança Alimentar, a afetar recursos para subsídios alimentares, a planear a segurança alimentar e a reduzir o desperdício alimentar. O artigo 90.o dá ênfase a medidas para o acesso equitativo da população aos serviços de saúde. O artigo 95.º sublinha o estabelecimento da justiça, a redução da pobreza e da privação e a atribuição de poderes aos pobres através de uma afetação eficiente e orientada dos recursos da segurança social e do desenvolvimento de programas abrangentes de redução da pobreza. (KhodadadKashi, Farhad. Heidari, Khalil, 2009). No Irão, embora as medidas relacionadas com a segurança social e a proteção das populações rurais pobres e vulneráveis tenham uma história de, pelo menos, 40 anos, os resultados do programa em termos de redução da pobreza e da vulnerabilidade dos rendimentos nas zonas rurais do país não são impressionantes, pelo que a condição prévia fundamental para os resultados dos programas de redução da pobreza é a realização de estudos científicos sistemáticos para identificar e analisar a pobreza.Uma parte importante da pobreza e da fome vive nas zonas rurais, pelo que se pode dizer que o sucesso dos programas de redução da pobreza passa pelo desenvolvimento de estudos científicos sobre a pobreza nas zonas rurais e por um esforço constante para melhorar a quantidade e a qualidade desses estudos (Zahedi Mazandaran, Mohammad Javad, 2005).

1. Introdução

Existem obstáculos e problemas para alcançar o desenvolvimento agrícola sustentável. Parece que o problema mais importante é a propriedade (Rezaeifar, 2008, p. 2). No final das três fases da reforma agrária em 1973, um total de 33% dos agregados familiares rurais possuíam terras e 25% eram microproprietários, pelo que, após a reforma agrária, 58% dos agregados familiares rurais do Irão eram pequenos proprietários (Mahdavi, 2001, pp. 37-38). Uma das consequências do programa de reforma foi o aumento do fosso social nas zonas rurais. Os que beneficiaram do programa de reforma atingiram um nível social mais elevado. Outra consequência, que apareceu mais tarde, foi a redução das terras e dos terrenos agrícolas devido às leis de herança, e acima de tudo o pequeno rácio de mecanização, que é considerado um fenómeno geral devido à extrema fragmentação das unidades, à pequena dimensão da área de cultivo e à falta de financiamento (Ahlers, 2001, p. 31). A questão da propriedade da terra é muito importante e complexa, o que pode ser considerado um obstáculo ao desenvolvimento da agricultura e do desenvolvimento rural. As principais fontes de produção agrícola, ou seja, a terra e a água, têm valores constantes, a população está a aumentar cada vez mais e isso tem limitado o homem para fornecer alimentos (Mohammad Hussein Hejrati, Mehrnoush Afshari (2010), o papel da propriedade da terra no desenvolvimento rural do distrito de Paeen Rokh, Torbat Heidariyeh).

A dependência das famílias rurais da economia baseada na agricultura faz com que os seus meios de subsistência sejam ameaçados em situações de crise como a seca. A este respeito, no entanto, parece necessário beneficiar de diferentes abordagens para atenuar os efeitos da seca e estabilizar os meios de subsistência das famílias rurais, mas isto não é muito considerado. As famílias rurais tentaram reduzir a incerteza no sector agrícola através da diversificação da economia familiar, da diversificação agrícola, da diversificação social, da alteração dos padrões de vida e da melhoria da gestão técnica da agricultura. O rendimento anual, a taxa de apoio governamental, o montante da compensação recebida do seguro da produção agrícola, a idade do chefe de família, a relação externa e a sensibilidade dos produtos são os factores mais importantes para explicar a sustentabilidade dos meios de subsistência rurais. Assim, a definição de políticas para o sector agrícola deve ser conduzida de forma a permitir uma utilização óptima das funções sociais e da capacidade humana no sector agrícola (Keshavarz e Karami, 2012).

Uma vez que, na história da humanidade, as mulheres sempre desempenharam um papel significativo no reforço dos alicerces emocionais e económicos da família, mas não eram consideradas como um grupo economicamente ativo, a evolução e a pobreza nas comunidades rurais levaram a que o papel das mulheres na economia rural passasse de um papel marginal a um fator principal e inegável. As mulheres podem desempenhar os seus papéis sociais efectivos como formadoras, promotoras ou sob a forma de ONG, cooperadoras da natureza e da aldeia e outras organizações sociais de mulheres.

A pobreza surge numa sociedade quando as pessoas não usufruem de um bem-estar económico que, de acordo com os critérios dessa sociedade, é o mínimo razoável. A pobreza é um sinal de um sistema económico fraco e pouco saudável. A presença de crises económicas e políticas, bem como os programas de ajustamento, reduzem o rendimento, aumentam a desigualdade, o desemprego e a diminuição da cobertura das necessidades básicas e dos serviços sociais, o que se repercute diretamente na pobreza. Para além da consciência dos factores que causam a pobreza, a consciência da gravidade, profundidade e amplitude da pobreza nos programas de alívio da pobreza é muito importante. A falta de consciência da dimensão da pobreza rural tem tido um grande impacto na ausência de uma correta formulação de políticas de redução da pobreza. É de notar que nos programas de desenvolvimento económico do país, não são atribuídos recursos suficientes à agricultura e ao financiamento desta secção, bem como não é tentada a adoção de políticas necessárias para a redução da pobreza nas zonas rurais. A falta de investimento ou a afetação de fundos estatais limitados ao sector agrícola, juntamente com políticas económicas inadequadas, a pressão exercida sobre o sector da produção e o aumento do custo das transacções entre o sector transformador e o sector dos serviços na economia iraniana reduziram a vontade de investir neste sector e, consequentemente, a prosperidade económica. Como a principal atividade nas zonas rurais dos países em desenvolvimento, incluindo o Irão, era a agricultura e este sector pode ser extremamente importante para o desenvolvimento económico destas zonas, a importância do sector agrícola e os investimentos necessários e numerosos nesta área podem ser considerados como um dos principais factores de redução da pobreza rural (Khaledi, Kouhsar, Yazdani saeid, Haghighat Nejad Shirazi, Andishe (2008).

O papel e o lugar das aldeias nos processos de desenvolvimento económico, social e político a nível local, regional, nacional e internacional e as consequências do subdesenvolvimento das zonas rurais, tais como a pobreza generalizada, a desigualdade crescente, o rápido crescimento demográfico, o desemprego, a migração, a população residente em bairros degradados urbanos, etc., chamam a atenção para o desenvolvimento rural e até para a sua prioridade em relação ao desenvolvimento urbano. De acordo com Michael Todaro, a necessidade de dar prioridade e atenção ao desenvolvimento rural em detrimento do desenvolvimento urbano não se deve ao facto de a maioria da população do terceiro mundo se encontrar nas zonas rurais, mas sim ao facto de a solução definitiva para o problema do desemprego urbano e da densidade populacional ser a melhoria do ambiente rural. Ao estabelecer um equilíbrio adequado entre as oportunidades económicas urbanas e rurais e a criação de condições apropriadas para a ampla participação das pessoas nos esforços de desenvolvimento nacional e no usufruto dos seus benefícios, os países em desenvolvimento darão um passo importante no sentido da realização do verdadeiro significado de desenvolvimento. Friedman e Vintz são os especialistas da Escola de Rohot que, no âmbito de um desenvolvimento rural abrangente, conceberam modelos, como o desenvolvimento rural-urbano, e consideraram o desenvolvimento rural para além do desenvolvimento urbano e sabem que o desenvolvimento nacional depende do desenvolvimento rural. Tollen também acredita que o Terceiro Mundo alcança o desenvolvimento através do planeamento rural e do desenvolvimento rural, em vez de usufruir dos fantásticos benefícios do desenvolvimento urbano no campo. Por outro lado, a ideia do centro do ser humano no processo de desenvolvimento, significa prestar atenção às zonas rurais que são dotadas de enormes recursos humanos, o ser humano que é considerado tanto como o objetivo do desenvolvimento como o principal meio de desenvolvimento. Nas zonas rurais, os recursos humanos, que são lembrados como as pessoas, são desorganizados e descentralizados, o processo e a situação que seguem a erosão e a quebra da vontade e do espírito humanos. Além disso, se a utilização do trabalho excedente nas comunidades rurais for considerada como um elemento eficaz no processo de desenvolvimento nacional, o papel do desenvolvimento rural no processo de desenvolvimento nacional deve encontrar o seu lugar e importância. De acordo com Uphoff, a atividade no desenvolvimento rural contém cinco secções, os sectores são: 1. gestão de recursos naturais, 2. assuntos de infraestrutura rural, 3. gestão de recursos humanos, 4. desenvolvimento agrícola, 5. desenvolvimento de actividades não-agrícolas, que em sua opinião, isso deve ser levado em consideração no âmbito da estratégia de desenvolvimento institucional (Uphoff, 1980, 3). (Azkia, 2013, 19-20).

Os meios de subsistência sustentáveis são considerados através da mudança de pontos de vista convencionais sobre a pobreza, a participação e o desenvolvimento sustentável em questões de desenvolvimento rural, de modo que, por exemplo, a insegurança dos meios de subsistência é conhecida como uma consequência principal da pobreza rural ou nos estudos de vulnerabilidade, foi demonstrado que os pobres rurais não só são mais vulneráveis a choques ambientais, mas também têm menos restauração contra choques de meios de subsistência, o que torna tangível a necessidade de avaliar a sustentabilidade dos meios de subsistência nas comunidades rurais (Keshavarz e Karami, 2012). Uma análise do programa de desenvolvimento agrícola do país demonstra que os objectivos, tais como o aumento da produção, foram sempre considerados pelos decisores políticos de desenvolvimento e, mesmo na crise causada pelas recentes secas, o equipamento e a modernização da agricultura foram priorizados com o objetivo de aumentar a produção e satisfazer as necessidades básicas da população em crescimento em detrimento dos meios de subsistência das famílias rurais (Keshavarz et al., 2010).

Dado que muitas aldeias do país estão localizadas em regiões com bom clima e, por outras palavras, com valor de biodiversidade e tendo em conta o facto de que a subsistência da maioria destas aldeias é através da agricultura e da pecuária tradicionais, um dos problemas ocorridos nas aldeias do Irão é a não conformidade da vida com os objectivos ambientais. Por exemplo, nalgumas aldeias, a utilização não sustentável dos recursos hídricos subterrâneos e superficiais destruiu a vegetação natural, noutras, o sobrepastoreio do gado destruiu as pastagens de elevado valor biológico, pelo que o conceito de meios de vida sustentáveis, ou seja, um modo de vida que satisfaz o bem-estar e os meios de subsistência das comunidades sem prejudicar o ambiente, foi suscitado no desenvolvimento rural. Por outro lado, a melhoria das condições de vida dos habitantes das aldeias é muito importante para o desenvolvimento global do país e para a redução da migração rural-urbana. Porque a evacuação das aldeias e a transferência da população para as cidades, por um lado, provoca o abandono das hortas e das explorações agrícolas, o que provoca a erosão eólica e hídrica das terras em redor da aldeia e, por outro lado, com o aumento da população e a transformação da população rural produtora em população urbana consumidora, aumenta a utilização dos recursos, 2009, entrepreneurship and its place in the rural development). O emprego no sector não agrícola tem várias vantagens, incluindo o emprego para os grupos rurais com baixos rendimentos, o aumento dos rendimentos, a participação das mulheres nas actividades económicas, o aumento dos níveis de qualificação, a prevenção da migração e o desenvolvimento mútuo do sector agrícola. Estas actividades também contribuem para a estabilidade económica das comunidades rurais, aumentando o montante do rendimento total do agregado familiar. O acesso ao rendimento proveniente de actividades não agrícolas e de actividades em explorações agrícolas alheias funciona frequentemente como uma força de preservação e mesmo de construção na população rural. Finalmente, é provável que o emprego nestas actividades reduza a intensidade do uso da terra, reduza o uso de fertilizantes químicos e outros fertilizantes e, assim, reduza os riscos ambientais e contribua para a sustentabilidade ambiental. (Ciência e Tecnologia da Agricultura e dos Recursos Naturais, Número II, verão de 2004, p. 16). O desenvolvimento rural sustentável é o equilíbrio para atingir os objectivos de desenvolvimento em cada uma das dimensões ambiental, social e económica nas zonas rurais. Os princípios do desenvolvimento sustentável são as realidades, necessidades e perspectivas que o desenvolvimento rural enfrenta nos países e a fim de alcançar o desenvolvimento rural sustentável (Alavizadeh, 2007, p. 193). Os objectivos de desenvolvimento sustentável podem ser resumidos da seguinte forma:

1. Objectivos ecológicos (respeito dos direitos e da ética ambiental, utilização sustentável e equilibrada em termos de capacidade, ambiente, ecossistema, etc.)
2. Objectivos económicos (meios de subsistência sustentáveis, autossuficiência, diversificação económica, aumento das receitas)
3. Objectivos sociais (redução da pobreza, diversidade cultural, solidariedade social, cooperação, participação interactiva) (Moslemi, 2006, p. 128).

O desenvolvimento agrícola pode ser alinhado com a agricultura sustentável. O conceito de agricultura sustentável é constituído por caraterísticas como a conservação a longo prazo dos recursos naturais, a produção óptima com um mínimo de factores de produção, a criação de rendimentos suficientes a partir de cada unidade de exploração e a satisfação de todas as necessidades alimentares e outras necessidades da comunidade rural. A agricultura sustentável é um sistema em que, através de uma gestão correta da utilização dos recursos naturais, é possível satisfazer as necessidades nutricionais humanas e manter a qualidade ambiental (Pishro, 2009, p. 1). A necessidade de ferramentas para o desenvolvimento da agricultura e da indústria, bem como o intercâmbio de produtos, desempenha um papel importante no desenvolvimento do sector dos serviços. Hoje, este sector continua a ser citado como o centro do crescimento económico e do desenvolvimento. Pequenas terras agrícolas, partes irregulares e desiguais, tipos de propriedade incluem problemas no sector agrícola para o desenvolvimento de áreas rurais (Mohammad Hussein Hejrati, Mehrnoush Afshari (2010), o papel da posse da terra no desenvolvimento rural do distrito de Paeen Rokh em Torbat Heidariyeh).

Os programas de luta contra a pobreza que não tenham em conta as aldeias e as questões rurais não serão bem sucedidos, porque a pobreza está principalmente concentrada nas zonas rurais e, de acordo com o nível de rendimento dos aldeões e a sua vulnerabilidade às flutuações dos preços e dos rendimentos, as principais políticas de redução da pobreza devem basear-se na capacitação dos pobres das zonas rurais para obterem rendimentos mais elevados. O crescimento económico e, consequentemente, a possibilidade de obter rendimentos adequados para a população rural requer a presença de força de trabalho e capital sincronizados na atividade da maioria das zonas rurais, ou seja, a agricultura. Apesar da abundância de mão de obra nestas zonas, o capital não se encontra em bom estado. No entanto, o papel do capital no crescimento económico do sector agrícola e das zonas rurais no mundo de hoje é óbvio; porque o investimento nesta parte dos vários aspectos pode acelerar o crescimento económico e o desenvolvimento (Khaledi, Kouhsar, Yazdani Saeid, Haghighat Nejad Shirazi, Andishe (2008). The study of rural poverty in Iran and determining factors affecting it, with an emphasis on investment in agriculture, economic research Journal/ tenth year/ No. 35/ summer 2008/ pp. 205-228).

2. Desenvolvimento agrícola sustentável

A FAO (2009), numa conferência na Turquia intitulada "estabilizar o rendimento dos agricultores", explorou as formas de aumentar o rendimento dos agricultores. A conferência sublinhou quatro questões subjacentes: a reforma agrária, a manutenção dos animais de estimação, a diversificação dos produtos e a energia utilizada na produção e na utilização rural, sublinhando que prestar atenção a estas questões pode ajudar a aumentar o rendimento rural. Brian (2008) também analisou o papel da agricultura no desenvolvimento económico sustentável. Neste estudo, são referidas muitas ameaças à agricultura sustentável, sendo as mais significativas as alterações climáticas, o crescimento populacional, a erosão do solo, o sistema de irrigação, o desenvolvimento industrial e a crescente concorrência pelo acesso aos recursos. Atualmente, a procura de produção agrícola de alto valor acrescentado aumentou muito, porque os níveis de rendimento são elevados em muitos países e a tendência para comprar produtos de alta qualidade é cada vez maior. Para este efeito, os produtos agrícolas devem ser produzidos de acordo com as necessidades dos consumidores, o que acabará por conduzir a um aumento do rendimento dos agricultores.

[st]A agricultura sustentável é um ramo importante do desenvolvimento sustentável que é conhecido como uma abordagem adequada no século XXI para sustentar este importante sector económico e devido à vida de uma grande categoria de pessoas no Terceiro Mundo (Zahedi e Najafi, 2005: 1). Infelizmente, apesar dos esforços envidados pelos países terceiros neste sector e das investigações académicas e administrativas realizadas, o sector agrícola não conseguiu alcançar a estabilidade necessária na economia, sendo que as principais causas deste problema decorrem da forma como se encara o conceito de agricultura sustentável nestes países. A este respeito, os estudos mostram que a perspetiva de uma agricultura sustentável deve ter principalmente um aspeto técnico e ambiental e que a dimensão física é a mais considerada. Se considerarmos a relação entre o homem e a natureza como uma encarnação da cultura e do padrão de comportamento, este meme divide-se em duas dimensões: material e imaterial e a interação destas duas cria um todo que é a cultura da relação homem e natureza e aqui entra o conceito de agricultura sustentável. Por

conseguinte, para atingir os objectivos da agricultura sustentável, é essencial assumir esta atitude na agricultura sustentável (Sadeghi e Fathi, 2009: 19).

3. Participação e desenvolvimento

A participação do público no processo de desenvolvimento tem tanto crédito para os especialistas que alguns consideram o desenvolvimento igual à participação (Taleb, 1995, 4). As palavras participação e participativo no quadro do desenvolvimento sustentável surgiram pela primeira vez no final dos anos 50 e a sua entrada nas zonas rurais deu-se nos anos 70 e 80, altura em que o crescimento das estratégias de desenvolvimento baseadas no crescimento económico e na industrialização nos países desenvolvidos e a sua utilização em muitos países do Terceiro Mundo levaram a consequências negativas como a imigração desenfreada, etc. Como resultado, muitos países e teóricos do desenvolvimento procuraram apelar para a abordagem adoptada e a participação, incluindo a participação rural e os mecanismos para atrair e aplicar os moradores em programas de desenvolvimento rural, foi considerada e um novo conceito de desenvolvimento foi introduzido na literatura de desenvolvimento como desenvolvimento participativo (Effati e Goudarzi, 1993, 62). (Rezvani, Mohammad Reza, 2011, 113).

4. Modelo de participação rural

1. Familiarizar-se com a língua e a cultura específicas da comunidade e ouvir as suas conversas;
2. Considerar os valores da sociedade, da tribo, do clã e dos grupos;
3. Identificar formas de pensar a sociedade, a tribo, o clã e o grupo;
4. Respeito pelas regras da sociedade, da tribo, do clã e do grupo;

5. Comunicação e compreensão entre a sociedade, as tribos e os clãs (Eftekhari, 2010, 168-169).

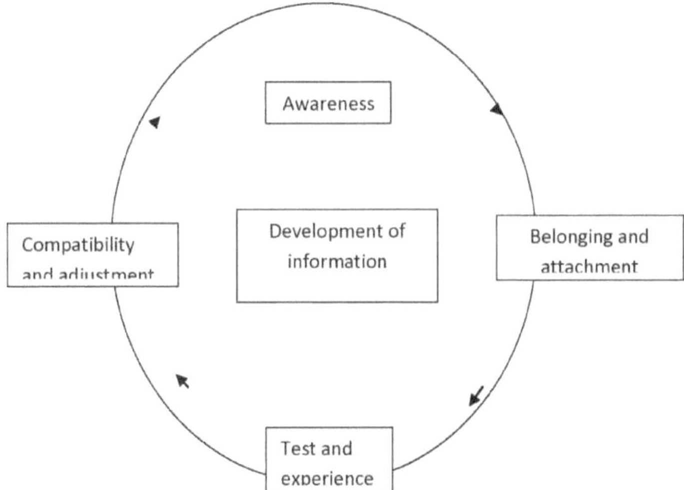

desenvolvimento e difusão da informação (Eftekhari, 2010, 170)

5. Capacitação rural

O empoderamento é uma nova componente do desenvolvimento e o principal elemento na revisão do seu conceito. Empoderamento significa criar poder legal ou, por outras palavras, reforçar a autoridade legal para dar poder e delegar poder às pessoas. As implicações diretas do empoderamento consistem em lidar com os elementos de desempoderamento. A privação de poder não só conduz à pobreza, como é o seu principal e direto produto. Os principais efeitos da privação de poder incluem:

- A falta de poder económico, que é a pobreza material
- Falta de poder de decisão, o que significa pobreza política e espiritual
- A falta de poder de seleção, que é a pobreza cultural ou a ignorância (Chambers, 1996) (Rezvani, 2011, 108).

O conceito de capacitação está no centro dos novos conceitos de desenvolvimento e capacitação das estratégias de redução da pobreza, especialmente nas zonas rurais. O Relatório sobre o Desenvolvimento Humano sugere que o desenvolvimento deve ser feito à volta das pessoas e não à volta das pessoas - e que o desenvolvimento deve conduzir à atribuição de poderes e à delegação de autoridade nos indivíduos e nos grupos, e não à sua debilitação. Nos novos programas de desenvolvimento rural, que se baseiam sobretudo nos dois princípios da capacitação rural e da redução da pobreza, são considerados pelo menos três processos de organização:

- Organização administrativa e de gestão dos agentes e funcionários das agências e instituições governamentais relevantes para coordenar e integrar as medidas governamentais nas aldeias
- Organização económica dos aldeões para a realização de actividades geradoras de rendimentos através de empréstimos com juros baixos e sem juros
- Organização social dos aldeões para o planeamento do desenvolvimento e modernização social a nível local e cooperação para implementar projectos prioritários (Zahedi Mazandarani, 2008, 271-272) (Rezvani,

Mohammad Reza, 2011, 108).

É de esperar que estes três tipos de organização possam fortalecer o espírito de autoajuda, autossuficiência e autossuficiência financeira, proporcionar a participação real das pessoas no planeamento e implementação de projectos de desenvolvimento rural e, assim, reduzindo a intervenção do governo e a terceirização, proporcionar o propósito de expandir o emprego nas áreas rurais, aumentando a produção e o valor acrescentado na economia rural e reduzindo a pobreza e melhorando a vida dos residentes rurais, e, assim, proporcionar a eficácia do papel dos moradores no processo de desenvolvimento rural (Rezvani, 2011, 103-109).

6. Sistema de execução dos programas e projectos de desenvolvimento rural

Dado que o processo de preparação e adoção de planos e projectos de desenvolvimento para o desenvolvimento rural no país está principalmente à disposição do governo e das instituições públicas, é certo que a sua implementação também é física e o financiamento é feito apenas pelo governo. A falta de participação dos aldeões na implementação dos projectos, que, para além dos programas pré-revolucionários, perdeu a sua importância nos programas pós-revolucionários, é também uma questão importante que tem de ser abordada. No primeiro e no segundo programa de desenvolvimento, a participação dos aldeões nos projectos de desenvolvimento rural foi quase esquecida. No terceiro programa, foram previstas algumas medidas para alterar esta tendência e aumentar a participação dos aldeões na execução dos projectos, o que, por si só, é significativo, mas dada a mentalidade que ficou do passado, não houve grandes resultados, pelo que a participação dos aldeões no desenvolvimento e na prosperidade das zonas rurais deve ser mais considerada. Outra questão relativa à execução de projectos de desenvolvimento nas zonas rurais é a utilização de contratantes não locais no processo de execução do plano. De facto, no quadro técnico e administrativo do país, a execução dos projectos de desenvolvimento que recorrem a fundos públicos é confiada, na sua maioria, a empreiteiros não qualificados locais, mas esta situação tem a sua própria justificação, mas a escassez de especialistas e profissionais nas zonas rurais está envolvida nesta situação. O recurso a empreiteiros e consultores não locais, ao mesmo tempo que priva as zonas rurais de rendimentos diretos e de emprego no âmbito destes projectos, diminui, em alguns casos, a qualidade da execução destes planos. Neste contexto, o reforço do sistema técnico rural (que foi recentemente proposto pela Fundação para a Habitação), o reforço das forças de peritos nas zonas rurais e a utilização dos conhecimentos técnicos disponíveis nas zonas rurais através de uma reforma técnica e administrativa podem ser eficazes para melhorar e reformar este processo. Além disso, ao analisar os planos de construção e desenvolvimento no país, como o desenvolvimento rural, conclui-se que os programas desenvolvidos não eram obrigatórios (mesmo para o governo) e são principalmente orientadores. Na maioria dos casos, esses programas eram informativos para o sector privado e, portanto, o programa é um bem público que o governo produziu às suas próprias custas e está disponível para o público como previsão do futuro. No entanto, de acordo com a reforma do sistema de planeamento do país, é necessário alterar os programas para o sector privado de informativos para orientadores e para o sector público para obrigatórios (Institute for Economic Development and Research, 2002) (Rezvani, 2011, 129-130).

7. Desenvolvimento da habitação rural

Dada a importância das aldeias e o seu papel decisivo no desenvolvimento económico e social e na segurança nacional, a disponibilização de habitação rural adequada a preços acessíveis e a resolução dos problemas nesta área, em especial o reforço e a fixação da vulnerabilidade das casas, são alguns dos tópicos que serão importantes. A ênfase no artigo 31.º da Constituição do Irão, que prevê a disponibilização de habitação de acordo com as necessidades das famílias iranianas e, em especial, de habitação rural, e a obrigação de o Estado reconstruir e modernizar as habitações rurais são algumas das medidas que se seguirão a uma dimensão significativa de intervenções físicas nas zonas rurais. Isto representa a elaboração de políticas corretas e uma compreensão abrangente das caraterísticas da habitação rural. (Rezvani, 2011, p. 145).

8. Definição e objectivos dos planos de orientação rural

O plano de orientação rural é um plano que, ao reestruturar e reformar a estrutura existente, determina a quantidade e a localização do desenvolvimento futuro e a utilização do solo para várias funções, tais como residencial, comercial, agrícola e instalações e equipamentos e necessidades públicas rurais, sob a forma de planos de organização do espaço e dos aglomerados rurais e de planos diretores regionais (Fundação para a Habitação da Revolução Islâmica, 2010, 24). Os principais objectivos deste projeto são:

- Preparar o terreno para o desenvolvimento rural tendo em conta as condições culturais, económicas e sociais

- Fornecimento justo de instalações através da criação de instalações sociais, de produção e de bem-estar

- Orientação do estado físico das aldeias

- Fornecer as instalações necessárias para melhorar a habitação rural e os serviços ambientais e públicos (Islamic Revolution Housing Foundation, 1991, 2-3). (Rezvani, 2011, 164).

9. O desenvolvimento das indústrias rurais

Vários estudos sobre o desenvolvimento económico demonstraram a importância das actividades não agrícolas no processo de desenvolvimento rural e sublinharam o seu papel como um fator importante na redução das diferenças de rendimento e da pobreza das famílias rurais. (A transformação estrutural de uma economia tradicional baseada na agricultura para uma economia baseada na indústria e nos serviços é considerada por alguns teóricos do desenvolvimento como o processo de desenvolvimento (Goshi, 1997, 11). A industrialização rural para o desenvolvimento do país e a independência económica da sociedade é de importância vital, porque se o estabelecimento da indústria for limitado às cidades, esse desenvolvimento não será sustentável (Rao, 1988, 147). As indústrias rurais são, de facto, aquelas que se situam principalmente em zonas ou centros rurais e que utilizam principalmente a mão de obra rural, tendo também geralmente um mercado relativamente limitado geograficamente (Rahimi,

2004, 11). O objetivo da industrialização das aldeias é criar pequenas e eficientes indústrias nas aldeias que ajudem o emprego não agrícola e a geração de rendimentos nas zonas rurais. Além disso, o objetivo do estabelecimento desta indústria é a utilização óptima dos recursos locais e também o reforço da posição das organizações regionais (engenheiros consultores DHV, 1996, 67). A industrialização é sempre considerada como um elemento essencial do crescimento económico e do desenvolvimento, e os respectivos efeitos positivos na sociedade e o per capita são considerados os principais critérios para o desenvolvimento económico (Goshi, 1997, 11). (Rezvani, 2011, 203).

Em geral, a industrialização rural é considerada a partir de duas perspectivas: (Rezvani, Mohammad Reza, 2011, 203)

A. **Estabelecimento da indústria nas zonas rurais:** segundo este ponto de vista, a questão central é saber que tipos de indústrias devem ser implantadas nas zonas rurais e como. De acordo com este ponto de vista, existem três modelos para ajudar a industrialização das zonas rurais:

- Estabelecimento de grandes fábricas perto da aldeia, que se abastecem das suas necessidades a partir da produção agrícola rural da região.

- Proteção e incentivo ao artesanato e aos produtos dos artesãos locais

- Incentivar a criação de pequenas unidades de transformação de produtos agrícolas e de reparação e produção de algumas máquinas e organizações agrícolas (Rezvani, Mohammad Reza, 2011, 203-204).

B. Industrialização das zonas rurais: esta perspetiva considera a industrialização rural como um processo que, ao diversificar as actividades económicas rurais, a considera como um meio de melhorar as condições de vida dos aldeões e de contribuir para o desenvolvimento rural. Esta perspetiva considera a industrialização das áreas rurais como um meio de alcançar o desenvolvimento socioeconómico nessas áreas e considera as indústrias rurais como um meio de satisfazer as necessidades da comunidade (Misra, 1985, 3). No entanto, com base na teoria associada à industrialização das áreas rurais, sugere-se que a industrialização das áreas rurais não significa o estabelecimento da indústria em todos os centros rurais, mas o objetivo do processo de industrialização é a criação de complexos e áreas industriais em centros rurais selecionados que este centro será capaz de explorar os recursos locais, e ser um centro adequado para abranger os centros rurais à sua volta. Por conseguinte, parece que o conceito de industrialização rural pode, em grande medida, ser sinónimo do estabelecimento de zonas industriais em áreas rurais (Taherkhani, 2000, 96). (Rezvani, Mohammad Reza, 2011, 204).

10. Definições de gestão rural

Ora, enquanto nas zonas rurais, do ponto de vista da disseminação e vice-versa, as suas limitações, nomeadamente a redução da concentração da população rural e do emprego rural, as actuais facilidades devem ser utilizadas para aumentar as capacidades rurais e, em seguida, o empowerment das aldeias e dos aldeões. Este processo é causado por uma gestão racional e específica das condições. Neste contexto, a gestão rural pode ser definida como:

- O processo de planear, organizar, liderar e controlar os esforços dos membros da comunidade, do grupo, da organização e a utilização de outros recursos para atingir os objectivos identificados e declarados; por outras palavras, o processo empresarial, a implantação e a utilização de recursos críticos e vários apoios aos objectivos do grupo, da organização e da comunidade.

- O processo de organização e condução da comunidade rural através do estabelecimento de organizações e instituições - como ferramentas ou equipamento para o efeito - para atingir os objectivos da comunidade rural. (Eftekhari, 2010, 3).
- Aspectos da gestão do gestor rural, incluindo as normas de gestão rural. Assim, as caraterísticas e o papel do diretor rural são avaliados em três aspectos: relação com as pessoas, informação e tomada de decisões (Eftekhari, 2010, 5).

11. Gestão rural sustentável

A resiliência de quaisquer instituições e da gestão pública assenta em princípios que devem ser considerados:

1. Aprendizagem
2. Integração
3. Auto-confiança
4. Orientação para as pessoas
5. Compatibilidade da organização com o ambiente
6. Satisfação das pessoas com a organização
7. Organização motivada e motivadora
8. Ter uma relação lógica com outras instituições a diferentes níveis local, regional e nacional
9. Cultura de continuidade das oportunidades e divisão justa das oportunidades
10. ter uma estrutura adequada de forma a permitir a continuação da liberdade e da escolha

H. Ter uma cultura e uma visão de justiça distributiva em todos os aspectos espácio-temporais da organização

De acordo com este princípio, a interação entre as pessoas e os conselhos islâmicos nas aldeias e a gestão rural pode ser racional, lógica e sustentável, de modo a que possa ser alcançada com a notificação atempada e a formação contínua em matéria de moderação e racionalização das exigências, mantendo a integridade e a imparcialidade, respeitando a dignidade humana, o respeito pela presunção de inocência e o conhecimento da compreensão ambiental e da compreensão mútua. Por último, deve dizer-se que a estabilidade da relação entre os conselhos eleitos e a gestão rural global com os aldeões (toda a população rural) depende de uma abordagem contínua do processo de ensino e aprendizagem das tarefas mútuas, dando prioridade às pessoas, ao respeito da lei, ao respeito dos direitos das pessoas e dos seus interesses, à segurança e à liberdade e à ativação de talentos, ao empenho e à sua continuidade nas instituições e nas pessoas (Eftekhari, 2010, 7).

12. O que é a resiliência?

"No cerne do pensamento sobre a resiliência está uma noção muito simples - as coisas mudam - e ignorar ou resistir a essa mudança é aumentar a nossa vulnerabilidade e renunciar a oportunidades emergentes. Ao fazê-lo, limitamos as nossas opções. Por vezes as mudanças são lentas (...); outras vezes são rápidas (...). Os seres humanos são normalmente bons a aperceberem-se e a reagirem a mudanças rápidas. Infelizmente, não somos tão bons a reagir a coisas que mudam lentamente. Em parte, isso deve-se ao facto de não nos apercebermos delas e, em parte, ao facto de, muitas vezes, parecer que pouco podemos fazer em relação a elas. (Walker e Salt, 2006, pp.9-10)

13. Clarificar os conceitos: resiliência, pensamento sistémico e desenvolvimento sustentável[1]

O termo "resiliência" teve origem na década de 1970 no domínio da ecologia, a partir da investigação de C.S. Holling, que definiu a resiliência como "uma medida da persistência dos sistemas e da sua capacidade de absorver mudanças e perturbações e ainda manter as mesmas relações entre populações ou variáveis de estado" (Holling, 1973, p. 14).

Ao analisar o comportamento dos sistemas ecológicos, Holling (1973) sugeriu que este comportamento poderia ser melhor definido através de duas propriedades distintas: resiliência e estabilidade. "A resiliência determina a persistência das relações dentro de um sistema e é uma medida da capacidade destes sistemas para absorverem alterações das variáveis de estado, das variáveis motrizes e dos parâmetros, e ainda persistirem. Nesta definição, a resiliência é a propriedade do sistema e a persistência ou a probabilidade de extinção é o resultado. A estabilidade, por outro lado, é a capacidade de um sistema regressar a um estado de equilíbrio após uma perturbação temporária. Quanto mais rapidamente regressar, e com o mínimo de flutuação, mais estável é o sistema. Nesta definição, a estabilidade é a propriedade do sistema e o grau de flutuação em torno de estados específicos é o resultado" (p.17).

Em suma, a resiliência é melhor definida como "a capacidade de um sistema para absorver perturbações e ainda manter a sua função e estrutura básicas" (Walker e Salt, 2006, p.1). Por outras palavras, a resiliência é "a capacidade de mudar para manter a mesma identidade" (Folke et al., 2010). Além disso, "o conceito de resiliência em relação aos sistemas sócio-ecológicos incorpora a ideia de adaptação, aprendizagem e auto-organização, para além da capacidade geral de persistir a perturbações" (Folke, 2006).

Ao longo do tempo, a noção de resiliência conheceu diferentes descrições e definições que teriam sustentado diferentes aspectos. A partir de Folke (2006), a caixa seguinte apresenta três facetas diferentes do conceito de resiliência que são bem explicadas, especialmente em termos das suas caraterísticas, dos seus focos e do seu contexto.

---

1 Desenvolvimento sustentável

O pensamento sobre a resiliência é inevitavelmente um pensamento sistémico, pelo menos tanto quanto o é o desenvolvimento sustentável. De facto, "quando se consideram os sistemas humanos e naturais (sistemas sociais e ecológicos), é importante considerar o sistema como um todo. O domínio humano e o domínio biofísico são interdependentes" (Walker e Salt, 2006, pp.38). Neste quadro em que a resiliência está alinhada com o pensamento sistémico, é crucial compreender três conceitos (Walker e Salt, 2006): (1) os seres humanos vivem e operam em sistemas sociais que estão inextricavelmente ligados aos sistemas ecológicos em que estão inseridos;

(2) os sistemas socioecológicos são sistemas adaptativos complexos que não se alteram de forma previsível, linear e progressiva; e

(3) o pensamento de resiliência fornece um quadro para ver um sistema social-ecológico como um sistema que funciona em muitas escalas ligadas de tempo e espaço. Para compreender plenamente a teoria da resiliência, o relatório centra-se, por conseguinte, na explicação de uma série de conceitos cruciais: limiares, ciclo adaptativo, panarquia, resiliência, adaptabilidade e transformabilidade.

Caixa 1: Três facetas da resiliência

Conceitos de resiliência	Caraterísticas	Foco em	Contexto
Engenharia da resiliência	Tempo de retorno, eficiência	Recuperação, constância	Vizinhança de um equilíbrio estável
Resiliência ecológica	Capacidade tampão, resistência ao choque, manutenção da função	Persistência, robustez	Equilíbrios múltiplos, cenários de estabilidade
Resiliência socio-ecológica	Interação entre perturbação e reorganização, sustentação e desenvolvimento	Capacidade de adaptação, capacidade de transformação, aprendizagem, inovação	Reacções integradas do sistema, interações dinâmicas entre escalas

Fonte: Folke (2006)

No nosso discurso, a terceira definição, a chamada resiliência sócio-ecológica, é provavelmente a mais adequada para considerar as questões de governação. A primeira - resiliência de engenharia - é, de facto, demasiado restrita e "centra-se na manutenção da eficiência da função, na constância do sistema e num mundo previsível próximo de um único estado estacionário. [Em poucas palavras, trata-se apenas] de resistir a perturbações e mudanças, para conservar o que se tem" (Folke, 2006). Por outro lado, a segunda definição está muito ligada aos ecossistemas, embora também tenha sido utilizada por Adger (2000), que definiu a resiliência social em relação à mudança social como "a capacidade das comunidades humanas para resistir a choques externos à sua infraestrutura social, tais como a variabilidade ambiental ou as perturbações sociais, económicas e políticas".

Por conseguinte, uma forma muito útil de concetualizar a resiliência é através da definição de resiliência sócio-ecológica que, com base em Carpenter et al. (2001), pode ser melhor descrita por três caraterísticas cruciais:

1. a quantidade de perturbação que um sistema pode absorver e ainda permanecer no mesmo estado ou domínio de atração;

2. o grau em que o sistema é capaz de se auto-organizar;

3. a capacidade de criar e aumentar a capacidade de aprendizagem e adaptação.

14. As ligações com o desenvolvimento sustentável

Em termos evolutivos, uma "população responde a qualquer mudança ambiental através do início de uma série de mudanças fisiológicas, comportamentais, ecológicas e genéticas que restauram a sua capacidade de responder a mudanças ambientais imprevisíveis subsequentes" (Holling, 1973, p.18). Nos termos de Holling, portanto, o ponto de vista da resiliência enfatiza "a necessidade de persistência". Nesta perspetiva, a procura de uma abordagem de gestão baseada na resiliência enfatizaria "a necessidade de manter as opções em aberto, a necessidade de ver os acontecimentos num contexto regional e não local, e a necessidade de enfatizar a heterogeneidade [exigindo, portanto,] uma capacidade qualitativa para conceber sistemas que possam absorver e acomodar acontecimentos futuros, independentemente da forma inesperada que possam assumir" (Holling, 1973, p.21).

Nesta necessidade de persistência, podemos encontrar uma primeira ligação com o desenvolvimento sustentável. O desenvolvimento sustentável tem por objetivo criar e manter sistemas sociais, económicos e ecológicos prósperos (Folke et al. 2002, p.1). A humanidade tem uma necessidade de persistência. E uma vez que a humanidade depende dos serviços dos ecossistemas para a sua riqueza e segurança, a humanidade e os ecossistemas estão profundamente ligados. Consequentemente, a humanidade tem o imperativo de lutar por sistemas socio-ecológicos resilientes à luz do desenvolvimento sustentável.

Por conseguinte, é essencial centrarmo-nos nos ecossistemas para compreender o conceito de resiliência. Relativamente a esta questão, em Folke et al. (2002), foram argumentados dois erros fundamentais das políticas e das práticas de gestão ambiental que nos permitem compreender a razão pela qual a resiliência é tão importante. Primeiro erro: até agora tem havido "um pressuposto implícito de que as respostas dos ecossistemas à utilização humana são lineares, previsíveis e controláveis" (Folke et al. 2002, p.1). Por outro lado, um segundo erro está subjacente ao "pressuposto de que os sistemas humanos e naturais podem ser tratados de forma independente" (ibid.). Na realidade, os sistemas naturais e sociais "comportam-se de forma não linear, apresentam limiares marcados na sua dinâmica e (...) os sistemas sócio-ecológicos actuam como sistemas integrados fortemente acoplados, complexos e em evolução" (ibid.).

O pensamento sobre a resiliência é, por conseguinte, um pensamento sistémico, pelo menos tanto quanto o é o desenvolvimento sustentável. De facto, "ao considerar os sistemas humanos e naturais (sistemas sociais e ecológicos), é importante considerar o sistema como um todo. O domínio humano e o domínio biofísico são interdependentes" (Walker e Salt, 2006, pp.38).

15. Compreensão da gestão e da liderança no desenvolvimento rural

A compreensão e inclusão da liderança no desenvolvimento rural em termos de pessoas e competências é importante. Na visão tradicional, o líder orientava as pessoas com a visão de que estas não têm capacidade para se mudarem a si próprias, aos outros e à sociedade, enquanto na nova abordagem, o líder é considerado como um dos factores eficazes de mudança. As pessoas podem ser eficazes na mudança de si próprias, dos outros e da sociedade se tiverem as capacidades necessárias, como o poder individual, o seu estatuto económico e social. No conceito de desenvolvimento da liderança, o poder pessoal e a ajuda às pessoas para um desenvolvimento adequado e a teoria que as pode levar à mudança social existem de forma latente (Eftekhari, 2010, 67).

16. O tipo e o estilo de gestão do desenvolvimento rural

A gestão é o processo de organização e condução da comunidade através da formação de organizações e instituições envolvidas como meios para atingir os objectivos da comunidade. Diz respeito aos objectivos que as pessoas planeiam com base nas suas exigências e nos recursos disponíveis. Por conseguinte, o êxito ou o fracasso de qualquer organização na realização de objectivos e no cumprimento de responsabilidades está sujeito ao tipo de gestão. A aldeia como organização de espaço de eco-atividade não é uma exceção. Atualmente, a gestão moderna do desenvolvimento rural considera três factores principais na gestão: as pessoas, o governo e o mercado. Estes desempenham papéis activos no planeamento do desenvolvimento rural, ou seja, na formulação, implementação, monitorização e avaliação, através da institucionalização e da coordenação baseada na cooperação. A este respeito, podemos ver que o objetivo da gestão do desenvolvimento rural é criar uma relação lógica organizada entre o homem e o ambiente, a fim de proporcionar satisfação e felicidade às pessoas nas zonas rurais. Por conseguinte, é necessário dispor de um elemento institucionalizado para planear o futuro e gerir os assuntos correntes nas aldeias, que deve ser formado com base na cooperação equilibrada e ativa de forças externas (governo e mercado) e internas (a população local, associações e organizações locais e mercados locais) (Eftekhari, 2010: 237).

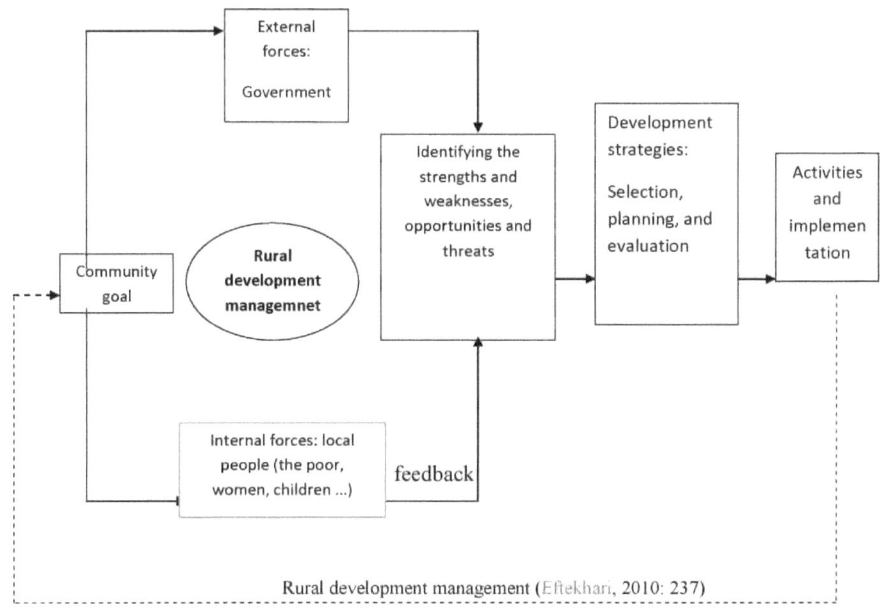

Rural development management (Eftekhari, 2010: 237)

Nas últimas décadas, nos países em vias de desenvolvimento, em particular no nosso país, o padrão de gestão era centralizado (de cima para baixo) e a cooperação dos aldeões nos planos administrativos do governo era a mais baixa, cujos efeitos adversos podem ser vistos nos programas de desenvolvimento do passado. É por isso que os problemas nas aldeias e, consequentemente, nas cidades não foram resolvidos, apesar de as instalações serem cada vez maiores desde o início da revolução até agora. Por isso, não tendo prestado atenção às necessidades reais das pessoas e tendo havido pouca cooperação das pessoas no planeamento, esses planos e programas receberam menos popularidade entre os habitantes das aldeias. No entanto, hoje em dia, os efeitos negativos do planeamento centralizado são óbvios para qualquer pessoa e, por isso, as opiniões dos planeadores em relação à gestão, ao planeamento e ao desenvolvimento rural estão a mudar, resultando numa grande mudança no processo de gestão rural (Eftekhari, 2010: 238).

17. Nova institucionalização através da abordagem institucionalista

Em muitas organizações e associações responsáveis pela gestão e planeamento do desenvolvimento rural, é possível encontrar uma burocracia pesada. Por outras palavras, existe uma autoridade hierárquica centralizada, gabinetes especializados e abordagens normalizadas. Por conseguinte, as instituições públicas têm um papel marginal e de aceitação e, consequentemente, desempenham um papel insignificante no processo de desenvolvimento. Neste contexto, para concretizar e operacionalizar os direitos de desenvolvimento e a vida digna numa perspetiva rural, sente-se a necessidade urgente de estratégias institucionalizadas, incluindo a revisão do pensamento, dos métodos de planeamento, das regras, das abordagens, dos estilos, das práticas de gestão, e a ênfase na criação e no apoio às instituições nativas, locais e civis através do seu agrupamento e da sua ligação em rede (Eftekhari, 2010: 249).

Para o efeito, é necessário ter em conta quatro variáveis principais:

- Substituir as atitudes orientadas para a organização e para a região nas organizações estatais por atitudes orientadas para as pessoas e para as instituições;
- Substituir as atitudes, prioridades e preferências das organizações estatais pelas necessidades, prioridades e preferências das pessoas, e reduzir a divergência entre os planos nacionais, locais e regionais;
- No que diz respeito ao princípio da adaptação no processo de prospeção e plano de ação, incluindo a seleção da estratégia adaptativa (nativa ou reformada), a fim de coordenar competências como a flexibilidade da organização do Estado;
- Mudar os sistemas de ensino e de investigação, promover e ter em conta as pessoas, e aplicar metodologias pós-positivistas, críticas, qualitativas, interdisciplinares e multidisciplinares, e concentrar-se nos papéis do lugar e do espaço com pessoas estáticas e activas que vivem nesse lugar, e centrar-se nos estudos locais e regionais, bem como noutras investigações nacionais (Eftekhari, 2010: 249).

Por conseguinte, as novas organizações são aquelas que reagem de mente aberta aos métodos cooperativos, e são maioritariamente não centralizadas e multidisciplinares, e têm uma estrutura organizacional flexível, e podem satisfazer as necessidades actuais dos aldeões. Neste contexto, estas organizações são aprendentes que fornecem feedbacks rápidos e realistas para as respostas adaptativas às mudanças, e podem compreender profundamente as ligações e relações sociais e económicas nas zonas rurais. Fazem interações entre diferentes sectores e desempenham múltiplos papéis. Por conseguinte, no novo institucionalismo, as organizações locais e espontâneas desempenham um papel central (Eftekhari, 2010: 251).

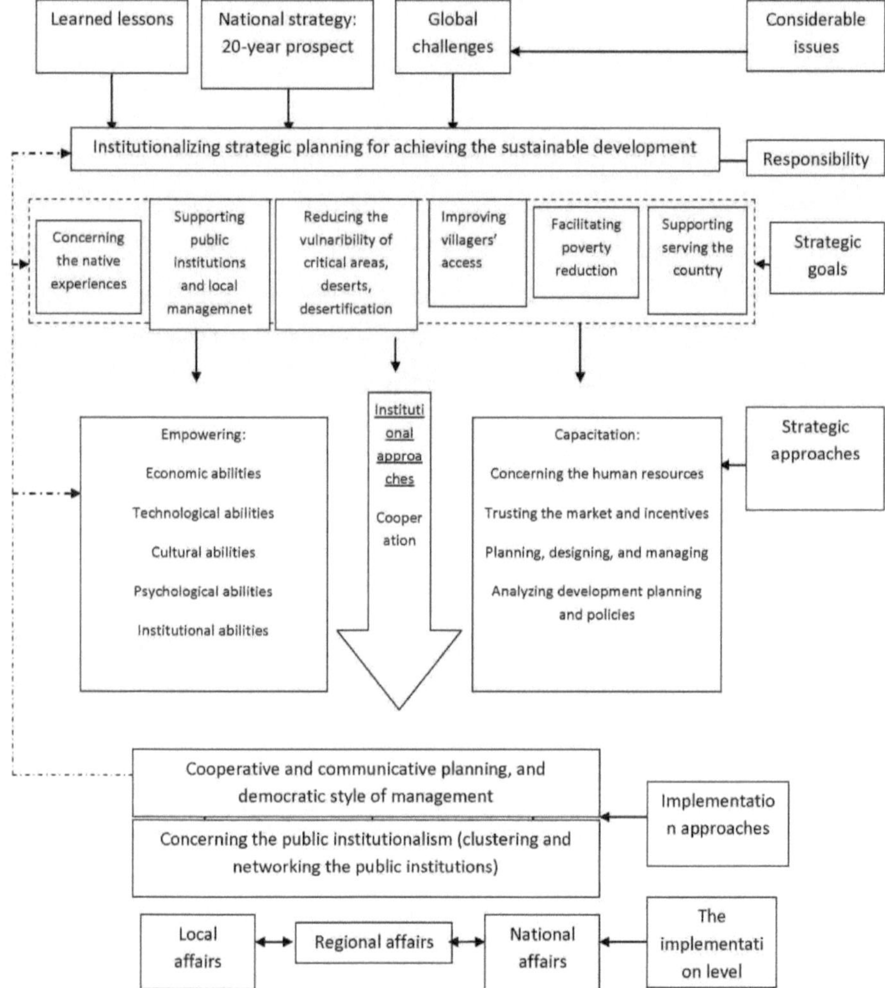

O padrão de abordagem do desenvolvimento rural através da abordagem institucionalista (Eftekhari, 2010: 250)

18. Vida rural sustentável

A vida rural sustentável é uma das abordagens que tenta resolver o problema da pobreza e da vulnerabilidade das famílias, com base no ser humano (Phillips e Potter, 2003: 3). Ao longo do último meio século, registaram-se grandes mudanças no pensamento rural e a vida rural sustentável é potencialmente, nos países em desenvolvimento, utilizada para reduzir a pobreza nas aldeias (Ellis e Biggs, 2001: 437). Esta abordagem, nos últimos anos, tem sido a melhor forma de abordar as questões da pobreza e da capacitação dos pobres. Viver significa pensar no acesso às propriedades e na gestão para as manter seguras (Dearden, Ronald, Allison e Allen, 2002: 6). Viver é estar vivo; capacidades, propriedades e actividades necessárias para viver e estar vivo (Chamber, 2005: 5). Algumas organizações adoptaram a metodologia da vida sustentável nos seus programas de desenvolvimento. A vida sustentável é uma forma de pensar baseada na pobreza e na vulnerabilidade da vida, e contribui para as actividades de desenvolvimento, que é orientada para as pessoas (concentrando-se nas prioridades dos pobres), reactiva e cooperativa (ouvindo e respondendo às necessidades de vida reconhecidas pelos pobres), multinível (práticas em diferentes níveis para reduzir a pobreza), dirigida (com a ajuda de sectores estatais e privados), dinâmica (resposta flexível a pessoas em diferentes situações), e sustentável (fazendo o equilíbrio económico e institucional, e a sustentabilidade social e ambiental) (CHF, 2005: 9). Existem cinco conceitos críticos para compreender os princípios vivos: vulnerabilidade, activos vivos, elaboração de políticas e organizações, estratégias vivas e consequências vivas (McDonagh e Bunning, 2009: 23).

A vulnerabilidade indica insegurança no bem-estar das pessoas, das famílias e da sociedade face às alterações ambientais. O conceito de vulnerabilidade na vida inclui a sazonalidade (flutuação dos preços e da produção, oportunidades de carreira), choques súbitos (conflitos, guerras, doenças, inundações, tempestades, secas, pragas, terramotos, incêndios e roubos) e
os factores que provocam crises imprevistas (escassez sazonal, aumento da população, redução da fertilidade dos solos e poluição atmosférica) (Chambers e Conway, 1991: 25).

Foram identificadas cinco categorias de activos de capital. Embora possa ser acrescentada outra categoria, ou seja, o capital político (poder e capacidade de influenciar a tomada de decisões), as principais categorias são o capital humano, social, natural, físico (Timalsina, 2007: 76) e financeiro (Serrat, 2008: 2). As estratégias de vida são uma combinação de actividades que são selecionadas pelas pessoas para atingir os seus objectivos: viver. As actividades ou estratégias de vida referem-se a uma combinação de actividades e selecções através das quais as pessoas podem atingir os seus objectivos, com base no ativo, na vulnerabilidade e no sistema em que vivem (CHF, 2005: 12). Em muitas zonas rurais, a sobrevivência ou a melhoria da vida das pessoas não pode depender exclusivamente da agricultura, mas deve ser necessário um vasto leque de estratégias de vida (Thieme, 2006: 13). As estratégias de vida podem estar relacionadas com as funções dos recursos naturais para actividades, migração e envio de dinheiro, actividades fora da exploração, pensões, etc.; por conseguinte, a seleção de uma estratégia é um processo dinâmico (Serrat, 2008: 4). O viver pode resultar em mais renda, aumentando o bem-estar biológico, reduzindo a vulnerabilidade, reduzindo a desigualdade, melhorando a segurança alimentar, e a sustentabilidade ambiental através da utilização dos recursos naturais, levando a melhorar o valor e a dignidade do homem (Serrat, 2008: 4).

A abordagem viva contém dimensões económicas, sociais e ambientais, bem como outros aspectos que influenciam o bem-estar das pessoas, direta ou indiretamente, de forma previsível ou imprevisível. A aplicação deste quadro é tão essencial como as ferramentas analíticas e o plano prático na conceção e implementação de melhores políticas sociais no desenvolvimento rural. A institucionalização gradual da abordagem viva na agenda de planeamento das organizações de desenvolvimento em todo o mundo pode ser considerada como uma base para o desenvolvimento rural para apoiar os pobres (Hall e Mijelli, 2009: 176-177).

Comparando as investigações e o enquadramento da vida sustentável em diferentes organizações, parece que as várias abordagens aplicadas têm muito em comum, apesar dos diferentes focos operacionais. O quadro de cinco componentes do Departamento de Desenvolvimento Internacional em 1999 é uma das abordagens mais importantes, entre outras, e muitos acreditam que esta abordagem contém o conceito principal da abordagem de vida sustentável (Shen, 2009: 11). Este quadro, baseado em 5 componentes da abordagem de vida sustentável, centra-se numa abordagem orientada para as pessoas; estes cinco componentes (que podem ser encontrados na maioria dos quadros de vida sustentável) são

1. **Activos**: os activos de vida são compostos por vários capitais naturais, físicos, sociais, humanos e financeiros, e o principal componente de vida são os pobres.

2. **Revolucionário as estruturas e processos que resultam em mudanças**: as estruturas, neste quadro, são como hardware contendo partes gerais e pessoais. Os processos incluem políticas, regras, culturas e instituições, e são considerados como o software do sistema. As estruturas e os processos que resultam em mudanças desempenham papéis importantes na formação de activos e nas consequências vivas dentro do sistema de vida sustentável.

3. Vulnerabilidade: a vulnerabilidade é um dos conceitos básicos relativos à sustentabilidade da vida, que inclui choques, procedimentos e sazonalidade, entre outros, e pode ter um efeito negativo sobre os activos e as opções de vida dos pobres. No entanto, nem todas as vulnerabilidades são negativas, mas também podem ter efeitos positivos.

4. **Consequências**: as consequências da vida são realizações e objectivos obtidos pelas estratégias de vida (através da combinação com os bens vivos). As consequências são sempre uma forma de avaliar a sustentabilidade do viver. A consideração da escala e do nível de análise (pessoa, família, localidade ou nacional) é de grande importância.

5. **Estratégias**: as estratégias de vida são actividades utilizadas para a sobrevivência da vida (Jome'pour e Ahmadi, 2011, The Effects of Tourism on Rural Sustainable Living, Case Study: Baraghan, Sovojbolagh).

Neste quadro, estas cinco componentes interagem. Este quadro e abordagem podem desempenhar um papel influente na ligação entre os procedimentos, a nível macro, e as ligações a nível micro, e a vida quotidiana das pessoas (Shen, 2009: 12).

19. Adaptabilidade e Transformabilidade como Pré-requisitos para a Resiliência do SEI

A resiliência socioecológica diz respeito às pessoas e à natureza como sistemas interdependentes. Isto é verdade para as comunidades locais e os ecossistemas que as rodeiam, mas a grande aceleração das actividades humanas na Terra também faz com que seja um problema à escala global (Steffen et al. 2007), tornando difícil e até irracional continuar a separar o ecológico do social e tentar explicá-los independentemente, mesmo para fins analíticos. Para contextualizar a questão, os dados dos núcleos de gelo revelam que, nos últimos 10 000 anos, a humanidade viveu num clima relativamente estável, uma era designada por Holoceno. Esta era permitiu o desenvolvimento e o florescimento da agricultura e de todas as grandes civilizações humanas. O futuro do bem-estar humano pode ficar seriamente comprometido se passarmos um limiar crítico que faça com que o sistema terrestre saia deste domínio de estabilidade (Rockstrom et al. 2009).

É plausível que os actuais paradigmas e padrões de desenvolvimento, a manterem-se, façam com que o sistema integrado terra-homem entre numa bacia de atração radicalmente diferente (Steffen et al. 2007). A prevenção dessa transição crítica indesejada exigirá inovação e novidade. É provável que sejam necessárias mudanças profundas na sociedade para persistir no domínio da estabilidade do Holocénico. Infelizmente, a resiliência dos padrões comportamentais da sociedade é notoriamente grande e constitui um sério impedimento para evitar a perda de resiliência do sistema terrestre. A resiliência do SSE que contribui para a resiliência do Sistema Terrestre é necessária para permanecer no estado Holocénico. A partir deste exemplo, deve ser imediatamente claro que a mudança social é essencial para a resiliência do SSE.

É por esta razão que incorporamos a adaptabilidade e o conceito mais radical de transformabilidade como ingredientes-chave do pensamento da resiliência.

A adaptabilidade capta a capacidade de um SES para aprender, combinar experiências e conhecimentos, ajustar as suas respostas às mudanças dos factores externos e dos processos internos e continuar a desenvolver-se no âmbito do atual domínio de estabilidade ou bacia de atração (Berkes et al. 2003). A adaptabilidade foi definida como "a capacidade dos actores de um sistema para influenciar a resiliência" (Walker et al. 2004:5). Assim, a capacidade de adaptação mantém certos processos apesar das mudanças nas exigências internas e das forças externas sobre o SES (Carpenter e Brock 2008). Em contrapartida, a capacidade de transformação foi definida como "a capacidade de criar um sistema fundamentalmente novo quando as estruturas ecológicas, económicas ou sociais tornam o sistema existente insustentável" (Walker et al. 2004:5). Alargar a utilização da resiliência aos sistemas sócio-ecológicos permite tratar explicitamente as questões levantadas por Holling (1986) sobre a renovação, a novidade, a inovação e a reorganização no desenvolvimento do sistema e a forma como interagem entre escalas (Gunderson e Holling 2002). Esta é uma área excitante de trabalho exploratório que alarga o âmbito desde a gestão adaptativa dos feedbacks ecosistémicos até à compreensão e contabilização da dimensão social que cria barreiras ou pontes para a gestão ecosistémica de paisagens dinâmicas e marinhas em tempos de mudança (Gunderson et al. 1995). Existem variáveis mais profundas e lentas nos sistemas sociais, tais como identidade, valores fundamentais e visões do mundo que limitam a adaptabilidade? Além disso, quais são as caraterísticas da agência, dos grupos de actores, da aprendizagem social, das redes, das organizações, das instituições, das estruturas de governação, dos incentivos, das relações políticas e de poder ou da ética que aumentam ou diminuem a resiliência socioecológica (Folke et al. 2005, Chapin et al. 2006, Smith e Stirling 2010)? Como podemos avaliar os limiares sócio-ecológicos e as mudanças de regime e que desafios de governação implicam (Norberg e Cumming 2008, Biggs et al. 2009)

Do mesmo modo, ajuda a alargar o domínio social da investigação da ação humana em relação a um determinado recurso natural, como a produção de lacticínios ou de fruta, ou a uma questão ambiental, como as alterações climáticas, para o desafio das respostas societais colaborativas a vários níveis a um conjunto mais vasto de feedbacks e limiares nos sistemas socioecológicos (Chapin et al. 2009). Por exemplo, a governação da bacia hidrográfica de Goulburn-Broken na bacia de Murray Darling, na Austrália, teve de resolver problemas, adaptando-se à mudança e continuando a desenvolver-se, ligando a região aos mercados globais. As culturas de sequeiro, o pastoreio, a produção irrigada de lacticínios e de fruta estão generalizados e a bacia hidrográfica produz um quarto das receitas de exportação do Estado de Vitória (Walker et al. 2009). À primeira vista, as actividades economicamente lucrativas parecem estar a prosperar. Mas se a análise for alargada a uma abordagem sócio-ecológica para ter em conta a capacidade da paisagem em sustentar os valores da região, o quadro parece bastante diferente. O desmatamento generalizado da vegetação nativa e os elevados níveis de utilização da água para irrigação resultaram na subida dos lençóis freáticos, criando graves problemas de salinização; tão graves que a região enfrenta sérios limiares sócio-ecológicos com possíveis efeitos de arrastamento entre eles. A ultrapassagem desses limiares pode resultar em mudanças irreversíveis na região (Walker et al. 2009). Por conseguinte, as estratégias de adaptabilidade socialmente desejáveis podem conduzir a sistemas socioecológicos vulneráveis e a estados indesejáveis persistentes, como as armadilhas de pobreza ou de rigidez (Scheffer 2009). Será que a adaptabilidade entre as pessoas e a governação da bacia hidrográfica de Goulburn-Broken será suficiente para lidar com as alterações ambientais, como a salinização e os limiares de interação, e evitar ser empurrado para uma armadilha de pobreza, ou será que o sistema socioecológico precisa de se transformar numa nova paisagem de estabilidade, forçando as pessoas a mudar os seus valores e identidade profundos (Walker et al. 2009).

20. Resiliência específica e geral

Na prática, a resiliência é por vezes aplicada a problemas relacionados com aspectos específicos de um sistema que podem resultar de um conjunto particular de fontes ou choques. Chamamos a isto resiliência específica. Noutros casos, o gestor está mais preocupado com a resiliência a todos os tipos de choques, incluindo os completamente novos. Chamamos a isto resiliência geral.

Nos sistemas socio-ecológicos, a resiliência especificada surge em resposta à pergunta "resiliência de quê, para quê?" (Carpenter et al. 2001). No entanto, há o perigo de nos concentrarmos demasiado na resiliência especificada, porque o aumento da resiliência de determinadas partes de um sistema a perturbações específicas pode fazer com que o sistema perca resiliência de outras formas (Cifdaloz et al. 2010). Isto é ilustrado pela teoria HOT (tolerância altamente optimizada) (Carson e Doyle 2000), que mostra como os sistemas que se tornam muito robustos a tipos frequentes de perturbação se tornam necessariamente frágeis em relação a tipos pouco frequentes. Por exemplo, as viagens internacionais na Europa centraram-se cada vez mais na melhoria e na elaboração das viagens aéreas, com menos ênfase nos transportes internacionais terrestres e aquáticos. O vulcão islandês de 2010 expôs a baixa resiliência deste sistema de viagens a uma extensa nuvem de cinzas transportadas pelo ar que interferiu com o funcionamento dos jactos de passageiros.

A resiliência geral, pelo contrário, não define nem a parte do sistema que pode ultrapassar um limiar, nem os tipos de choques que o sistema tem de suportar. Trata-se de lidar com a incerteza de todas as formas. A distinção é importante, porque a nossa experiência de trabalho com grupos interessados em utilizar uma abordagem de resiliência sugere que tendem a concentrar-se na resiliência específica e, ao fazê-lo, podem estar a reduzir as opções para lidar com novos choques e até a aumentar a probabilidade de novos tipos de instabilidade. Reconhecer que os esforços para promover uma resiliência específica não evitarão necessariamente uma mudança de regime é um primeiro passo para compreender a necessidade de uma mudança transformacional. Ultrapassar o estado de negação, particularmente em SESs com fortes crenças identitárias ou culturais, não é fácil e muitas vezes requer um choque ou, pelo menos, uma crise aparente.

O pensamento da resiliência sugere que tais eventos podem abrir oportunidades para reavaliar a situação atual, desencadear a mobilização social, recombinar fontes de experiência e conhecimento para a aprendizagem e desencadear a novidade e a inovação. Podem conduzir a novos tipos de adaptabilidade ou, eventualmente, a mudanças transformadoras

21. Os efeitos do desenvolvimento turístico na resiliência dos habitantes das aldeias

A abordagem da vida sustentável é uma das novas abordagens analíticas do desenvolvimento rural, que tem sido muito considerada, nos últimos anos, para o desenvolvimento rural e a redução da pobreza (Jome'pour e Ahmadi, 2011).

Atualmente, tem sido revelado que é necessário preocupar-se com as aldeias e as zonas rurais como partes básicas para alcançar o desenvolvimento. Considerando o facto de que a maior parte da população pobre do mundo vive nas zonas rurais dos países em desenvolvimento (Banco Mundial, 2008), a pobreza é considerada uma das questões mais importantes e fundamentais do desenvolvimento rural. Embora os peritos tenham tentado melhorar as condições nas zonas rurais através de abordagens que incluem a melhoria da fertilidade dos solos, a reforma agrária e a tecnologia avançada, as abordagens tradicionais, que se concentram principalmente em questões económicas, não conseguiram reduzir a pobreza rural (Jome'pour, 2005: 28). Neste contexto, sente-se a necessidade de novas actividades e abordagens que sejam sustentáveis e abrangentes para desenvolver as aldeias (Jome'pour e Ahmadi, 2011).

Nos últimos anos, uma das estratégias, especialmente muito considerada nos países desenvolvidos e implementada em alguns desses países e com efeitos positivos, tem sido o desenvolvimento do turismo nas zonas rurais e a utilização de várias atracções naturais e culturais nas aldeias como fonte de rendimento e de vida para os aldeões e, ao mesmo tempo, contribuindo para proteger os bens e as atracções naturais e culturais únicas. De acordo com muitos investigadores, o turismo, em comparação com outros sectores económicos, tem muitas vantagens que o tornam um instrumento influente para eliminar a pobreza. No entanto, para atingir esse objetivo, é necessário considerar especificamente a agenda da redução da pobreza no planeamento e nas estratégias nacionais do turismo, a fim de reforçar a parceria e criar mais oportunidades para os pobres (Ashley, Roe e Goodwin, 2001: UNWTO, 2004b). As abordagens actuais nas pesquisas sobre turismo tradicional nos últimos anos têm sido amplamente criticadas devido à falta de atenção à vida e à redução da pobreza nas áreas rurais. Alguns acreditam que essa deficiência pode ser considerada para orientar e analisar o turismo no desenvolvimento rural, usando a abordagem de vida sustentável (SLA) (Tao & Wall, 2009, Ashley, 2000).

O desenvolvimento do turismo sustentável como uma das estratégias de vida rural tem muitas vantagens. A aplicação da abordagem do desenvolvimento turístico sustentável no contexto do turismo requer o estudo do turismo e da vida sustentável numa escala mais ampla - teorias do desenvolvimento - e o reconhecimento das relações e lacunas entre as questões. Para o fazer, FujunShen (2008) elaborou o quadro de vida sustentável do turismo (SLFT), que tentou fornecer um padrão para combinar ambas as abordagens e a função do turismo como estratégia de vida rural sustentável através do reconhecimento profundo dos princípios e caraterísticas de ambas as abordagens, ou seja, vida sustentável e turismo (Jome'pour e Ahmadi, 2011). Para compreender as consequências e implicações resultantes da ligação entre a vida sustentável e o turismo e, por conseguinte, a posição do quadro de vida sustentável da abordagem do turismo, não podemos considerar o conceito separado do seu contexto mais amplo, ou seja, o desenvolvimento (Fujun Shen et al, 2008: 8). Shen et al (2008), neste caso, indicam que o quadro de vida sustentável para o turismo resulta da interação entre as teorias da vida sustentável, do desenvolvimento rural e do desenvolvimento do turismo, e estas três estão incluídas na noção mais ampla de desenvolvimento. De facto, a vida sustentável do turismo é um modelo híbrido, que integra as noções de desenvolvimento turístico, de desenvolvimento rural e de desenvolvimento sustentável. Neste contexto e estudando as lacunas entre a abordagem da vida sustentável e do turismo, Shen, Hagi e Simons, em 2008, sugeriram um modelo revisto com base no modelo de vida sustentável do Departamento de Desenvolvimento Internacional como o modelo de Vida Sustentável para o turismo, que se adapta mais ao contexto e às condições do turismo, a fim de estudar o turismo como uma das estratégias de vida sustentável para o desenvolvimento rural. Em 2009, Shen, após aplicar este modelo em três aldeias na China, propôs algumas alterações (Jome pour e Ahmadi, 2011).

22. Impacto do repatriamento (desenvolvimento dos recursos humanos) na manutenção dos meios de subsistência rurais

Uma grande parte da população mundial vive em zonas rurais e a sua vida está dependente dos recursos disponíveis localmente. Devido ao crescimento da população mundial, assiste-se a uma procura crescente de alimentos, à redução dos recursos naturais, às alterações climáticas e ao aumento da pressão sobre o solo, o que torna as famílias rurais vulneráveis (MotieiLangroodi, SeyyedHassan, QadiriMasoum, Mojtaba, Rezvani, Mohammad Reza, Nazari, Abdul-Hamid, SSahne, Bahman, 2011. The impact of the repatriation to villages in improving the livelihoods of residents (Case Study: AqQala city)).

A base inicial da economia nas aldeias deve ser considerada como baseada em actividades agrícolas, mas no processo de desenvolvimento da economia rural no mundo, parece que a agricultura por si só não é capaz de criar equilíbrio nos parâmetros económicos rurais e na população das regiões, e a necessidade de fazer actividades não agrícolas e procurar novas formas de vida é mais do que nunca (Moshiri et al., 2004, 144). A diversificação da economia rural em actividades não agrícolas significa que não só o crescimento das actividades rurais não agrícolas deve ser considerado, mas também o aumento e a diversificação das actividades agrícolas e não agrícolas e as fontes de rendimento complementares nas estratégias de subsistência das famílias rurais (Roocchi, 2009, 3). A necessidade de utilizar as capacidades, a experiência e as competências dos imigrantes é considerada como uma das soluções adequadas para criar emprego, aumentar o rendimento rural, evitar a migração para as zonas urbanas e, finalmente, para o desenvolvimento do país. Para alguns jovens rurais, como as práticas agrícolas não lhes podem proporcionar rendimentos suficientes, deixar a agricultura significa mudar-se para a cidade e tentar começar um novo estilo de vida (Andersen, 2002, 8). Muitas pessoas nas aldeias confrontam-se com a falta de oportunidades de emprego, a diminuição dos rendimentos, o elevado crescimento demográfico, o desemprego elevado, especialmente para os jovens, e a pobreza, que os coloca perante problemas que põem em risco a segurança dos meios de subsistência (OCDE, 2008, 15).

Viver no mundo de hoje exige uma nova forma de pensar. Hoje em dia, o desenvolvimento dos recursos humanos é o fator fundamental e a condição prévia essencial para alcançar um desenvolvimento rural sustentável. Para o seu bem-estar, as zonas rurais dependem maioritariamente da agricultura e é isso que hoje confirmamos livremente com as diversas explorações agrícolas, os serviços locais, o pequeno comércio, as deslocações diárias à cidade, a casa dos trabalhadores, as organizações locais e o local de repouso que são a imagem da economia rural contemporânea (Lowe, 2008, 3). Tal como em anos anteriores, a necessidade de uma abordagem mais inclusiva para criar consenso entre os aldeões foi sentida no estudo da economia rural. A agricultura e o seu crescimento não são o único motor do desenvolvimento rural, mas as evidências crescentes, tanto nos países desenvolvidos como nos países em desenvolvimento, mostram que, no estudo dos processos de desenvolvimento rural, devemos concentrar-nos nas estratégias de subsistência e de bem-estar das famílias rurais nas perspectivas da economia rural (Rocchi, 2009, 1)

23. Impacto do espírito empresarial na resiliência dos meios de subsistência nas aldeias

O empreendedorismo é um processo pelo qual um empresário, com ideias novas e criativas e identificando novas oportunidades para mobilizar recursos, tenta criar novas empresas e sociedades, novas, inovadoras e em crescimento, que estão associadas à aceitação de riscos e conduzem à introdução e ao desenvolvimento de um novo produto ou serviço para a sociedade. O espírito empresarial rural não difere, em princípio, do conceito geral de espírito empresarial. Só as circunstâncias especiais das zonas rurais, como o risco elevado, a falta de recursos e a má gestão neste domínio, o tornam diferente do empreendedorismo noutros domínios e actividades. No entanto, os empresários rurais procuram identificar novas oportunidades, inovação e criatividade em actividades agrícolas e não agrícolas, utilização da terra e utilização óptima, versátil e inovadora em termos de desenvolvimento rural. Em geral, um dos factores eficazes no desenvolvimento rural é o empreendedorismo, porque o empreendedorismo pode criar novas oportunidades de emprego e rendimento, e tem um papel eficaz na melhoria da economia e dos meios de subsistência das zonas rurais. Assim, é particularmente importante medir a quantidade de empreendedorismo rural e os esforços para desenvolver e reforçar o empreendedorismo no processo de desenvolvimento rural, fornecendo as suas áreas básicas (Rezvani, Mohammad Reza, Najarzadeh, Mohammad, 2008. Analysis of the rural entrepreneurshipfields in the process of rural development: Case Study: Baraan-e Jonubi Rural District (Isfahan)).

Devido a circunstâncias ecológicas e socioeconómicas específicas, as zonas rurais enfrentam uma variedade de problemas, sendo a pobreza e a privação os mais importantes. Devido aos numerosos papéis das aldeias no processo de desenvolvimento nacional, particularmente no domínio do abastecimento alimentar, o desenvolvimento destas zonas é importante e necessário (Rezvani, 2004, 12). A este respeito, pensadores e decisores políticos de diferentes países concentraram-se no desenvolvimento rural e na resolução dos seus problemas. Hoje em dia, os peritos internacionais consideram que, para além das macro políticas e das estratégias de desenvolvimento e de desenvolvimento económico, é necessário tentar especificamente desenvolver as aldeias e erradicar a pobreza (MirzaAmini, 2004). Em geral, os problemas das aldeias em diferentes partes do mundo devem-se a dois problemas fundamentais: um é a falta de equipamentos sociais (falta de infra-estruturas) e o outro é a falta de rendimentos (fraqueza económica). Os equipamentos sociais incluem serviços de saúde, educação, seguros e segurança social, linhas de comunicação (transportes e telecomunicações), segurança, água potável, combustível, eletricidade, etc. Embora muitos governos tenham realizado programas extensivos e dispendiosos para melhorar as infra-estruturas - como o Irão - os estudos mostram que isso, por si só, não poderia resolver os problemas da vida rural, salvá-los da pobreza e reduzir a migração das áreas rurais para as urbanas (McMullan, 1983: 36). A falta de rendimento é um fator importante que, se não for abordado e ultrapassado, torna os planos de desenvolvimento rural infrutíferos e as aldeias não se desenvolverão. A falta de rendimento rural resulta de vários factores:

- Crescimento da população rural (valor absoluto)
- Desemprego (total ou sazonal)
- Baixa produtividade das pessoas e dos recursos

- A falta de atratividade das aldeias para o investimento
- Ambiente empresarial inadequado nas zonas rurais

Vários estudos demonstraram que um dos objectivos mais importantes do desenvolvimento económico nas cidades e nas aldeias é a criação de emprego e que o seu mecanismo e ferramentas mais importantes é o empreendedorismo. O empreendedorismo reduz o desemprego e aumenta a produtividade das pessoas e dos recursos, aumentando assim o rendimento da população (Rezvani, Mohammad Reza, Najarzadeh, Mohammad, 2008. Analysis of entrepreneurship grounds for villagers in the process of rural areadevelopment: Case Study: Baraan-e Jonubi Rural District (Isfahan)). Embora o empreendedorismo privado não seja a única forma de criar emprego e aumentar o rendimento das populações rurais, é sem dúvida o melhor e o mais produtivo. Os economistas acreditam que é o fator mais importante para o desenvolvimento da economia rural e os políticos consideram-no uma estratégia fundamental para evitar tumultos e agitação nas aldeias. Os agricultores e os aldeões conhecem-na também como um instrumento para melhorar os seus rendimentos e as mulheres conhecem-na como um local de trabalho nas proximidades do seu local de residência, que pode acompanhar a sua autossuficiência, independência e reduzir as suas necessidades sociais (Laukkanen, 2002, 372). Atualmente, prestar atenção ao espírito empresarial dos aldeões e dos agricultores é a solução mais importante para o desenvolvimento rural. A importância do espírito empresarial no desenvolvimento rural decorre do facto de um empresário poder inventar novas formas de crescimento e desenvolvimento. Assim, o espírito empresarial pode ter um papel importante no desenvolvimento rural através da criação de emprego, da melhoria da qualidade de vida, da distribuição adequada dos rendimentos e da utilização óptima dos recursos (Hosseini e SoleimanPour, 2006).

Na China, o espírito empresarial através do autoemprego tem um papel importante no desenvolvimento rural. De acordo com estudos realizados nos anos 1995-1998, o autoemprego foi o sector não-agrícola que mais cresceu nas aldeias do país, e cerca de trinta milhões de pessoas trabalharam desta forma (Sandeep, M et al, 2007: 163). Atualmente, a criação e o fomento do empreendedorismo, devido à sua importância no processo de desenvolvimento, são mais ou menos enfatizados em todas as comunidades. São introduzidos vários pontos de vista e métodos para o promover, que podem ser utilizados em função das circunstâncias de cada sociedade. Mas muitos investigadores, como Bommel (1990), Boettke e Kevin (2001-2003), bem como Kraft e Sobel (2005), concluíram que a melhor forma de promover o empreendedorismo é através da criação de instituições e fundações, e que os programas governamentais desempenham um papel menos importante nesta área (Russel S. Sobel e Kerry A. King, 2008: 431).

24. Discussão e conclusão

Tentar, nas aldeias, aumentar o sentimento de pertença e de ligação dos habitantes das aldeias e, de alguma forma, aumentar a taxa de participação rural em todos os assuntos das aldeias, aumenta a coerência das comunidades rurais e, por conseguinte, aumenta a resiliência ao nível dos meios de subsistência nas zonas rurais. Para alcançar um sentido de coerência e colaboração entre as comunidades rurais, parece que o reforço de um sentido de justiça e a ausência de separação entre as pessoas, especialmente os pequenos grupos investigados neste projeto, o exercício de actividades culturais e a culturalização com a ajuda de instituições departamentais e não departamentais nas zonas rurais e a concentração na criação de um sentido de utilidade e eficácia em todos os sectores rurais podem ser eficazes. Por exemplo, a aplicação do plano de criação de iniciativas culturais e sociais rurais para capacitar os pequenos aldeões e a estabilidade dos meios de subsistência rurais. Além disso, o projeto de turismo rural para impulsionar as caraterísticas económicas e ambientais das aldeias, por um lado, este plano procura a presença generalizada de funcionários de diferentes níveis nas aldeias e, por outro lado, procura uma forma de fazer com que os aldeões peçam para exercer os seus direitos de cidadania. O novo plano de turismo rural necessita do apoio sério de funcionários a diferentes níveis de gestão e os funcionários municipais ou distritais não devem ser considerados responsáveis pela satisfação das necessidades dos aldeões. O novo plano não deve ser confundido com o programa tradicional de visitas a aldeias. Ao contrário das visitas a aldeias, o novo plano de turismo rural é um plano estratégico em que a gestão das micro necessidades das aldeias e dos seus habitantes é considerada um princípio necessário e fundamental para a sua realização. O novo plano de turismo rural procura gerir as micro necessidades das aldeias para acompanhar os desafios e os problemas e resolvê-los, bem como analisar mais de perto as capacidades e aptidões da aldeia e dos aldeões para colocar a sua prosperidade e ativação na agenda com a devida justificação. O plano olha para a aldeia e para o aldeão a partir de três aspectos principais: um ajuda a aldeia, como fonte cultural, a refletir a sua cultura local; em segundo lugar, a aldeia, como centro de trabalho, pode refletir o seu papel preferencial na produção; e, em terceiro lugar, a aldeia pode atualizar as capacidades recreativas e turísticas para que as nossas aldeias possam assumir o seu papel determinante no desenvolvimento da indústria do turismo, para testemunhar o desenvolvimento e o crescimento da aldeia e dos aldeões.

Quanto mais se tentar nas comunidades rurais proporcionar oportunidades de emprego e serviços locais e dado o potencial disponível na região, tentamos criar emprego e aumentar o rendimento, bem como a necessidade de mão de obra e evitar a deslocalização e migração dos habitantes das aldeias para as cidades, aumentamos a autossuficiência e a capacidade de recursos nas comunidades rurais e, consequentemente, aumentamos a resiliência e o nível de vida nas zonas rurais. A criação de emprego e o aumento do rendimento nas zonas rurais também podem ser conseguidos através da eliminação da ênfase na agricultura nas zonas rurais e da utilização de estratégias como o turismo rural. Hoje em dia, o estudo do modo de vida dos aldeões é de interesse para os turistas, a população foi estabelecida devido à localização geográfica específica e às condições climáticas nas encostas das montanhas, nos contrafortes, bem como nas nascentes e canais naturais. O estudo dos métodos de plantação e de colheita, das práticas e dos costumes que regem Lor, a utilização dos recursos hídricos para irrigação, a cooperação e a assistência mútuas, o estudo das festas e cerimónias, o tipo de vestuário, os jogos e os torneios locais são temas de interesse para os turistas e investigadores nacionais e estrangeiros.

Quanto mais se tenta valorizar o conhecimento rural e local e se tenta transferir esse conhecimento e combiná-lo com novos conhecimentos e transferi-lo para as gerações seguintes, aumentam as competências, os conhecimentos e as diversas culturas nas sociedades rurais e, consequentemente, provoca um aumento da instabilidade e, eventualmente, da resiliência dos padrões de vida nas zonas rurais.

Quanto mais se tentar nas comunidades rurais que os residentes saibam mais sobre as alterações climáticas e o seu impacto no ambiente local, maior será a estabilidade das comunidades rurais e, consequentemente, maior será a estabilidade e a sustentabilidade dos meios de subsistência nas aldeias.

Quanto mais se tentar nas comunidades rurais tornar mais próximos e disponíveis os diferentes pólos regionais para satisfazer as necessidades dos residentes locais, incluindo alimentos e produtos secos, mais serviços serão prestados nas comunidades rurais e, consequentemente, mais estabilidade e sustentabilidade dos meios de subsistência rurais.

Devido ao impacto da utilização das terras pelos agricultores no seu rendimento, prestar atenção à integração das terras agrícolas e aos sistemas agrícolas pode melhorar e aumentar os rendimentos dos agricultores, melhorando assim a estratificação rural e aumentando a resiliência e a sustentabilidade do nível de vida nas zonas rurais.

De acordo com o impacto da vertente ambiental do desenvolvimento sustentável nos meios de subsistência rurais, prestar atenção ao equilíbrio da sustentabilidade das florestas, das montanhas, da água e das terras de sequeiro e de pastagem, bem como dos ecossistemas marinhos e dos rios locais, e também manter a limpeza do ambiente e reduzir os danos que lhes são causados, bem como a proteção da diversidade vegetal e animal e, finalmente, reforçar a escolha dos consumidores ecológicos, reforça a vertente ambiental do desenvolvimento sustentável e, consequentemente, aumenta a estabilidade e a sustentabilidade dos padrões de vida rurais.

25. Referências

1. Adger, W.N., 2000. Resiliência social e ecológica: estão relacionadas? Progress in Human Geography 24, pp.347-364.
2. Ashlet, C., D. Roe e H. Goodwin, 2001, Pre-poor Tourism Strategies: Making Tourism Work for the poor. A Review of Experience, Nottingham: The Russell Press .
3. Andersen, L., 2002, rural- Urban Migration in Bolivia: Advantages and Disadvantages, Instituto de Investigações Socioeconómicas, Universidade Católica Boliviana, La Paz, Bolívia.
4. Ashey, C., 2000, The Impacts of Tourism on Rural Livelihoods: Namibia's Experience (Documento de Trabalho 128 do ODI).Londres:ODI.
5. Azkia, M. Ghafari, G. 2013. Rural development, with emphasis on rural community of Iran, Fourth Edition, published straw (em persa).
6. Ahlers, E.2001. Irão: Cidade - aldeia - Nómadas (Proceedings). Tradução de Abbas Saeedi. Teerão: monshi publishing, primeira edição (em persa).
7. Alavi Zadeh, M. 2007. Patterns of socio - economic development with an emphasis on sustainable rural development in Iran, the economic aspect, No. 246-245. (em persa)
8. Azmi, A. 2009. rural entrepreneurship and its role in rural development. (em persa)
9. Berkes, F., J. Colding, e C. Folke, editores. 2003 Navigating social-ecological systems: building resilience for complexity and change. Cambridge University Press, Cambridge, Reino Unido
10. Biggs, R., S.R. Carpenter, e W.A. Brock.2009. Turning back from the brink: detecting an imending regime shift in time to avoid it. Actas da Academia Nacional de Ciências dos Estados Unidos da América, 106:826-831
11. Carpenter, S.R., B.H. Walker, J.M. Anderies e N. Abel. 2001. Da metáfora à medição: resiliência de quê a quê? Ecosystems 4, pp.765-781.
12. Carpenter, S.R. e W.A. Brock.2008. Adaptive capacity and traps (Capacidade de adaptação e armadilhas). Ecology and Society 13(2):40] .online] URL: http://www.ecologyandsociety.org/vol13/ iss2/art40/.
13. Cifdaloz, O., A. Regmi, J.M. Anderies, e A.A. Rodriguez. 2010. Robustez, vulnerabilidade e capacidade adaptativa em sistemas socioecológicos de pequena escala: o

    Sistema de irrigação de Pumpa no Nepal. Ecologia e Sociedade 15(3):39. [em linha] URL: http/: /www.ecologyandsociety.org/vol15/iss3/art39/
14. Engenheiros consultores DHV.1996. Orientações para o planeamento de centros rurais, tradução de Seyed Javad Mir Avtalb Fanaee, Ministério da Agricultura, Investigação e Questões Rurais. (em persa)
15. Chambers, R.& Gordon, R.C., 1991, Sustainable Rural Livelihoods: Practical Concepts for the 21ª Century, Institute of Development Studies, Paper.
16. Chambers, R., 2005, Ideas for Development, Earth Scan Publication, Londres, Sterling VA.
17. Chapin, III, F.S., A.L. Lovecraft, E.S. Zavaleta, J. Nelson, M.D. Robards, G. P. Kofinas,

S.F. Trainor, G.D. Peterson, H.P. Huntington e R. L. Naylor. 2006. Policy strategies to address sustainability of Alaskan boreal forests in response Ecology and Society 15(4): 20 http://www.ecologyandsociety.org/vol15/iss4/art20/ a um clima em mudança direcional. Actas da Academia Nacional de Ciências dos Estados Unidos da América, 103:16637-16643

18. CHF, 2005, Sustainable Livelihoods Approach Guidelines, Partners in Rural Development, Chapel, Ottawa, Canadá.

19. Chambers, Robert . 1996. desenvolvimento rural (prioridade dos pobres). tradução de Mustafa Azkia. Imprensa da Universidade de Teerão. (em persa)

20. Dearden, P., Roland, R., Allison, G., Allen, C., 2002, sustainable Livelihood Approaches-from the Framework to the Field, Supporting Livelihoods- Evolving Institutions, Universidade de Bradford.

21. Efati, M e Goudarzi, F. 1993. public participation a key element of human development, Jihad magazine, No. 164, pp. 59-64. (em persa)

22. Eftekhari,R.2010 1389. Rural Development Administration (theoretical foundations), Teerão, organizações de investigação e universidades Humanities Textbooks (SAMT) R & D Center of Humanities. (em persa)

23. Ellis, F. & Biggs, S., 2001, Evolving Themes in Rural Development 1950s-2000s, Development Policy Review, Overseas Development Institute, publicado por Blachwell Publishers, Vol. 19, PP. 437-448 .

24. Folke, C. 2006. Resiliência: The emergence of a perspective for social-ecological systems analyses. Global Environmental Change 16, pp.253-267.

25. Folke, C., S.R. Carpenter, B. Walker, M. Scheffer, T. Chapin e J. Rockstrom. 2010. Resilience Thinking: Integrando Resiliência, Adaptabilidade e Transformabilidade. Ecology and Society 15(4): p.20.

26. Gunderson, L.H., e C.S. Holling, editores. 2002. Understanding transformations in human and natural systems (Compreender as transformações nos sistemas humanos e naturais). Island Press, Washington, D.C.,. EUA.

27. Hal, A. & Mijli, J. 2009, Social Policy and Development, tradutores de Ebrahimi, M. & Sadeghi , A.R., Ja,eeshenasan Publication, Tehran .

28. Hejrati, M,Hussain & Afshari, M. 2010. the role of land tenure in rural development occurred rural education low Haydari. (em persa)

29. Holling, C.S.1986. Resiliência dos ecossistemas: surpresa local e mudança global. Pages 292-317 inW.C. Clark and R.E. Munn, editors. Sustainable development and the biosphere. Cambridge University Press, Cambridge, Reino Unido.

30. Holling, C.S. 1973. Resiliência e estabilidade dos sistemas ecológicos. Revisão Anual de Ecologia e Sistemática 4, pp.1-23.

31. Hosseini, S,M & Soleiman, S, M .2006. the effects of the strengthening of the entrepreneurial spirit in the process of agricultural development, Jihad magazine, No. 273,

pp. 47-55. (em persa)

32. Fundação para a Habitação da Revolução Islâmica. 1990. Relatório sobre a aplicação do plano de gestão das zonas rurais. (em persa)

33. Fundação para a Habitação da Revolução Islâmica. 2010. Realizações tecnológicas e de investigação da Fundação para a Habitação da Revolução Islâmica e das suas empresas subsidiárias. Direção-Geral das Relações Públicas da Fundação (em persa).

34. Jome Poor,M & Ahmad,Ma.2011. the impact of tourism on sustainable rural livelihoods, Case Baraghan village, city Savojbolagh. (em persa)

35. Jome Poor,M .2005. rural development planning: perspectives and methods. Imprensa de Teerão.

36. Keshavarz, M; Karami, A & Zamani, Gh. 2000. Vulnerable family farmers from the drought: a case study. Agricultural Extension and Education of Iran. C. 6, No. 2, p. 3215. (em persa)

37. Keshavarz, M; Karami, A. 2012. paydarsazy rural livelihoods: The challenges of agricultural extension system in drought conditions. (em persa)

38. Khodadad Kashi, F & Heidari, Khalil. 2009. A distribuição do rendimento na aplicação do índice de Theil, Atkinson e coeficiente de Gini. (em persa)

39. Khaledi, K; Yazdani,S & Haghighatnezhad Shirazi,A. 2008. Iran and its influencing factors of rural poverty with an emphasis on investment in agriculture, Economic Journal / tenth year / No. 35 / summer 1387 / pages 205-228) (em persa)

40. Lowe, P., 2008, The Rural North : Landscapes of Endeavour and Enquiry, The 2008 Cameron-Gifford Lecture, Centre for Rural Economy Discussion Paper Series No. 16, Research Report, University of Newcastle, PP. 1-16 .

41. Laukkanen Mauri (2003). "Explorin academic entrepreneurship : drivers and tensions of university - based business" , Journal of Small Business and Enterprise Development, Volume 10 Número 4, pp. 372-282 .

42. Mahdavi, M. 2001. Introduction to the rural geography of Iran (front first: Understanding the geopolitical villages), Tehran. SAMT press. (em persa)

43. Motiee Langaroodi, H; Qadiri Masoum, M; Rezvani, MR; Nazari, A; Sahneh,B. 2011. The impact of the repatriation to improve the livelihoods of rural residents (Case Study: Aq Qala city). (em persa)

44. Mirzamani, M. 2004, Strategies for the development of entrepreneurship and job creation, rural cooperative organization of employment of graduates. (em persa)

45. McDonagh, J. & Bunning, S., 2009, Methodological Approach, Planning and Analysis, Field Manual for Local Level Land Degradation Assessment in Drylands, Universidade das Nações Unidas (UNU).

46. Moslemi, A. 2006. sustainable rural development, with emphasis on humanenvironment system, monthly Jihad, 27. (em persa)

47. Moshiri, S.R., Mahdavi, M. & Amar, T., 2004, Need for Change in Economic Function in Rural Area Geographical Research, No. 50,PP. 143-160 .

48. McMullan, W . E., Long , W . A. (1983). "An Approach to Educating Entrepreneurs",

Canadian Journal of Business Vol. 4, pp.32-6.

49. Norberg, J., e G. Cumming, editores. 2008. Complexity theory for a sustainable future [Teoria da complexidade para um futuro sustentável]. Columbia University Press, Nova Iorque, EUA

50. Phillips, J. L. & Potter, R. B., 2003 , Social Dynamics of " Foreign - Born " and " young " Returning Nationals to the Caribbean : A Review of the Literature, Geographical Paper, the University of Reading, No. 167 .

51. Pishro, H. Azizi, P. 2009. sustainable agricultural development through agricultural income stabilization. (em persa)

52. Russel S. Sobel e Kerry A. King (2008). Does school choice increase the rate of youth entrepreneurship ? Economics of Education Review 27, pp. 429-438, Elsevier .

53. Rocchi, B., 2009, Gathering Information on Total Household Income Within an " Industry Oriented " Survey on Agriculture : Methodological Issues and Future Perspectives, Wye Cito Group on Statistics on Rural Development and Household Income Second Meeting, Roma, Itália.

54. Rahimi, A. 2004. Explicar as propriedades da indústria de transformação de materiais e do sector agrícola e das indústrias rurais, Ministério da Agricultura. (em persa)

55. Centro de Investigação do Irão econom.2002. O planeamento e a gestão do desenvolvimento, desafios e perspectivas da Conferência de Desenvolvimento, Gestão e Organização do Planeamento. (em persa)

56. RezaiFar, S. 2008. Ownership role in the sustainable development of the agricultural sector Ize city, Proceedings of the Second Symposium on Agricultural Development Strategies city ize, Volume II. (em persa)

57. Rezvani, MR, 2011. Rural development planning in Iran, Ghomes press. (em persa)

58. Rezvani, MR & Najarzadeh, M. 2008. Analysis of rural entrepreneurship in the process of development of rural areas: Case Study of Rural South Bran (city of). (em persa)

59. Rockstrom, J., W. Steffen, K. Noone, A. Persson, F.S. Chapin III, E.F. Lambin, T.M. Lenton, M. Scheffer, C. Folke, H.J. Schellnhuber, B. Nykvist, C.A. de Wit, T. Hughes, S. van der Leeuw, H. Rodhe, S. Sorlin, P.K. Snyder, R. Costanza, U. Svedin, M. Falkenmark, L. Karlberg, R.W. Corell, V.J. Fabry, J. Hansen, B.H. Walker, D. Liverman, K. Richardson, P. Crutzen e J.A. Foley. 2009. Um espaço operacional seguro para a humanidade. Nature 461:472-475.

60. Sadeghi, H e Fathi, M. 2009. culture, sustainable development and the environment, cultural engineering magazine, Issue 29-30. (em persa)

61. Sandeep, M., et al.(2007). The risk of self - employment in rural china Development or Disaster ? World Developmenr Vol.35,No.1,pp.163-181 .

62. Shen, F., 2009, Tourism and Sustainable Livelihoods Approach: Application within the Chinese context, tese de doutoramento, Universidade de Lincoln.

63. Shen, F., Hughey, K., & Simmons, D., 2008, Connecting Livelihoods Approach and

Tourism: A Review of the Literature towards Integrative Thinking, Lincoln University.

64. Serrat, O., 2008, The Sustainable Livelihoods Approach (A abordagem dos meios de subsistência sustentáveis), Manila: ADB

65. Smith, A., e A. Stirling. 2010. The politics of social-ecological resilience and sustainable sociotechnical transitions [A política da resiliência socioecológica e as transições sociotécnicas sustentáveis]. Ecologia e Sociedade 15(1):11.
[em linha] URL: http://www.ecologyandsociety.org/vol15/ iss1/art11/.

66. Steffen, E., P.J. Crutzen, e J.R. McNeill. 2007.The Anthropocene: are humans now overwhelming the great forces of nature? Ambio 36:614-621

67. Tao, T. C. H. & Wall, G., 2009, Tourism as a Sustainable Livelihoods Strategy, Tourism Management, 30(1), PP. 90-98.

68. Taherkhani, M. 2000. Rural industrialization, rural development a cornerstone of future strategy, the Ministry of Agriculture. (em persa)

69. Thieme, S., 2006, Social Networks and Migration, Far West Nepalese Labour Migrants in Delhi, Departamento de Geografia, Universidade de Zurique, Winter 190, 8057 Zurique, Suíça.

70. Tmalsina, K.P., 2007, Rural Urban Migration and Livelihood in the Informal Setor a Study of Vendors of Kathmandu Metropolitan City, Nepal, Universidade Norueguesa de Ciência e Tecnologia (NTNU).

71. UNWTO, 2004, Tourism and Poverty Alleviation: Recommendations for Action/ Madrid: Organização Mundial do Turismo.

72. Walker, B. e D. Salt. 2006. Resilience thinking: sustaining ecosystems and people in a changing world. Washington: Island Press.

73. Walker, B.H, C.S. Holling, S.R. Carpenter, e A. Kinzig. 2004. Resilience, adaptability and transformability in social-ecological systems [Resiliência, adaptabilidade e transformabilidade em sistemas socioecológicos]. Ecology and Society 9(2):5. [em linha] URL: http://www.ecologyandsociety.org/vol9/iss2/art5

74. Banco Mundial, 2008, Relatório sobre o Desenvolvimento Mundial 2008: Agriculture for Development, Washington,DC: Banco Mundial.

75. Zahedi Mazandaran, MJ.2005. Rural poverty, and measurement process in Iran (Pobreza rural e processo de medição no Irão). Jornal da Previdência Social, n.º 17. (em persa)

76. Zahedi Mazandaran, MJ.2008. Empowerment, Urban and Rural Management Encyclopedia, organização editorial e administração dos municípios do país. (em persa)

77. Zahedi, S,S e Najafi, G. 2005. agricultural sustainability issues in Iran, Iranian Journal of Sociology, No. 2, 73-106. (em persa)

I want morebooks!

Buy your books fast and straightforward online - at one of world's fastest growing online book stores! Environmentally sound due to Print-on-Demand technologies.

Buy your books online at
www.morebooks.shop

Compre os seus livros mais rápido e diretamente na internet, em uma das livrarias on-line com o maior crescimento no mundo! Produção que protege o meio ambiente através das tecnologias de impressão sob demanda.

Compre os seus livros on-line em
www.morebooks.shop

Printed by Books on Demand GmbH, Norderstedt / Germany